DX
数字化转型

国际数字化转型与创新管理最佳实践丛书

全球数字化环境下的
服务集成与管理
SIAM

[英] 克莱尔·阿格特（Claire Agutter） 著

李炜 CIO 思想汇 译

清华大学出版社
北 京

北京市版权局著作权合同登记号 图字：01-2018-7251

Service Integration and Management（SIAM™）Foundation Body of Knowledge，Copyright ©
Scopism，2018

Lead Author：Claire Agutter

ISBN:978 94 018 0102 7

图书在版编目(CIP)数据

全球数字化环境下的服务集成与管理：SIAM /（英）克莱尔·阿格特（Claire Agutter）著；李炜，CIO 思想汇译 . —北京：清华大学出版社，2020.11 (2023.6重印)
（国际数字化转型与创新管理最佳实践丛书）
书名原文：Service Integration and Management(SIAM) Foundation Body of Knowledge
ISBN 978-7-302-56716-5

Ⅰ.①全… Ⅱ.①克… ②李… ③C… Ⅲ.①数字技术－研究 Ⅳ.① TP3

中国版本图书馆 CIP 数据核字 (2020) 第 210726 号

责任编辑：张立红
封面设计：梁 洁
版式设计：方加青
责任校对：赵伟玉
责任印制：杨 艳

出版发行：清华大学出版社
　　　　　网　　　址：http://www.tup.com.cn，http://www.wqbook.com
　　　　　地　　　址：北京清华大学学研大厦 A 座　　　　邮　　编：100084
　　　　　社 总 机：010-83470000　　　　　　　　　邮　　购：010-62786544
　　　　　投稿与读者服务：010-62776969，c-service@tup.tsinghua.edu.cn
　　　　　质 量 反 馈：010-62772015，zhiliang@tup.tsinghua.edu.cn
印 装 者：涿州市般润文化传播有限公司
经　　销：全国新华书店
开　　本：185mm×260mm　　　印　　张：13.5　　　字　　数：346 千字
版　　次：2020 年 12 月第 1 版　　　印　　次：2023 年 6 月第 2 次印刷
定　　价：79.80 元

产品编号：080175-01

中文版译者

主译：李　炜，中国卫通集团股份有限公司，技术总监

译者（按姓名拼音序排列）：

曹光正，金杜律师事务所，信息系统管理部总监

陈长征，华润集团，行业专家

陈　罡，贝发集团股份有限公司，信息管理部经理

陈明奇，中国科学院，办公厅网信处处长

陈　起，中国人寿财产保险股份有限公司，科技创新部总经理助理

邓遵红，北京金融街投资（集团）有限公司，信息总监

董　磊，新疆金风科技股份有限公司，数据管理部项目经理

付宏伟，市场监管总局信息中心

郭晨夫，山西华旗集团，总经理

韩　斌，广州元一区块链科技有限公司，CTO

侯　峰，华金在线股份公司，副总经理

胡沛琦，深圳宏发投资集团有限公司，IT 副总监

姜　伟，泰高营养科技（北京）有限公司，亚太区业务 IT 经理

李　宁，罗杰斯科技，IT 软件开发及亚洲区运营高级经理

李胜军，阳光保险集团养老与不动产中心，信息化管理处负责人

林　刚，永达集团，集团 CIO

刘建平，中山雅特生科技有限公司，信息技术运营部经理

卢吕清，天九共享控股集团，高级副总经理

骆学农，中国中纺集团有限公司，棉花事业部副总经理兼信息化中心主任

单　梁，猎聘网，信息技术兼 AI 应用高级总监

史　震，天九共享控股集团，高级副总裁，CIO

寿　阳，独立 CIO

宋文凯，新华社中国经济信息社

苏　飞，全国煤炭交易中心有限公司，信息技术部总经理

苏国华，上海群陆智能化系统有限公司，总经理

苏　衡，广州首席信息官协会，秘书长

孙　鹏，北京五环伟业科技有限公司，技术总监

田　冰，卓瑞地产有限公司，IT 总监

王朝辉，北京旋极信息技术股份有限公司，信息化部总监兼事业部总助

王　浩，SAP 中国有限公司，行业专家

王俊乐，777iHoldings，CIO

王立书，腾讯云计算（北京）有限责任公司，解决方案总监

王小龙，中发智迅科技发展有限公司，CIO

王益民，金鹰企业管理（中国）有限公司，信息技术总监

魏　蔚，中国铁路青藏集团公司，安全专项检查组副组长

吴　龙，均瑶集团大东方股份，信息中心总监

吴旭光，北京奔驰汽车有限公司，数字化终端组组长

徐　来，中衡设计集团股份有限公司，信息技术与企业发展部主任

徐青甫，独立顾问

闫　林，中兴通讯股份有限公司，IT 技术学院院长

杨　帆，河南思维自动化设备股份有限公司，董事长助理

杨连臣，西人马科技有限公司，流程信息总监

杨　敏，沃尔玛百货有限公司，高级 IT 经理

姚　凯，欧喜投资（中国）有限公司，IT 总监

叶根平，三花控股集团

叶　麟，正泰集团股份有限公司，数字化解决方案总监

叶天斌，德勤中国，咨询总监

易　军，惠州市首席信息官协会，秘书长

余成波，德国瑞好

张俊杰，珠海格力电器股份有限公司

张明文，杭州迈泰科技有限公司，咨询总监

张铁鑫，航港发展有限公司，信息部总监

张振坤，凌云科技集团有限责任公司，专业总师

张忠中，通用电气（中国）有限公司，资深 IT 经理

赵　宇，三菱电机空调影像设备（上海）有限公司，IT 经理

周　旻，科世达（上海）管理有限公司，亚太区信息管理总经理

周元德，中铁二院工程集团有限责任公司，CISO

朱　楠，北京逸米科技有限公司，首席信息官

宗琳琳，三叶草生物制药有限公司，IT 高级经理

译者序

SIAM 管理方法论，护航企业数字化转型

最佳管理实践在英国公共部门的诞生和发展

很荣幸能够把 SIAM（服务集成与管理）体系引进中国。SIAM 发源于英国政府的公共部门，特别是就业与养老金部、司法部、卫生部下属的国民医疗服务健康连线机构以及财政部下属的 GPS（政府采购服务局），这些部门和机构对 SIAM 体系的形成起到了重要的推动作用。也有其他一些部门和机构，例如能源与气候变化部、伦敦警察厅、伦敦交通局、英国广播公司，都对 SIAM 框架进行了探索和实践。这些部门和机构都隶属于英国政府。事实上，有不少全球知名的最佳管理实践都出自英国政府部门，例如 ITIL（IT 服务管理）、PRINCE2（项目管理）、MSP（计划管理）、M_o_R（风险管理）、MoP（投资组合管理）和 MoV（价值管理）。英国政府目前仍拥有这些最佳管理实践的所有权，并由其合资企业进行管理。

在 20 世纪 80 年代，英国政府寻求项目管理中常见问题的解决方法，要求这种方法应关注交付结果，能够确保在预算额度内和时间范围内保质保量地交付项目，由此经过不断演进而诞生了 PRINCE2。今天，PRINCE2 已经成为事实上的项目管理标准。也是在 20 世纪 80 年代，英国政府意识到所采购的 IT 服务运行质量不佳，希望找到一种经济可行且能更好保证质量的方法，于是委托下属机构 CCTA（中央计算机与电信局）开发一套标准，要求这种方法既注重交付又注重服务，能够保证有效、高效地提供 IT 服务，这就产生了一个信息技术基础架构库，即 ITIL。

这些管理框架、最佳实践的诞生和持续发展，与英国政府的采购政策密不可分。英国政府的采购原则是公开、公平、客观、诚信。对于公共资金的使用，在满足采购需求的同时要确保有效性和合法性，使采购物有所值。实现物有所值，既要考虑所投入的成本、所取得的结果，还要考虑在产品与服务全生命周期过程中对成本和质量的优化，确保其经济性、有效性和高效性。物有所值不是指最低的价格，而是指最优的组合、最好的性价比。为此财政部内设了一个特殊机构，称为 OGC（政府商务办公室），在 2000 年将 CCTA 并入其中。GPS 也是 OGC 的下属机构，其主要职能就是制定采购政策，建立最佳采购实践标准，有效掌控采购流程，协调、监督各部门和机构的采购活动，确保有效、合理地使用公共资金，帮助政府实现纳税人资金价值的最大化。正是在政府采购政策的指导下，借鉴了一系列最成功的全球商业经验，这些最佳管理实践才得以开发、发布和迭代更新。OGC 一直是这些最佳管理实践的所有者，直到 2010 年英国政府重组，OGC 随后关闭，相关职能转移到内阁办公室。

单源采购到多源采购模式的转变及 SIAM 的出现

我们再来探索一下 SIAM 的起源。在 IT 服务采购和管理领域,在 SIAM 概念被认知以前,英国政府公共部门的传统做法是发挥规模经济的优势,通过竞争谈判与某一个大型供应商签署巨额的长期合同,外包大部分 ICT 事务。这种单源采购模式有以下特点:

- 合同周期较长,一般超过5年,往往在到期前还会再续签两三年。
- 合同金额巨大,一般都在1亿英镑(合8亿多元人民币)以上,3亿~5亿英镑也很常见。
- 该供应商具有多个领域的能力,往往是系统集成商,并且承揽了客户大部分(可能超过80%)的ICT事务,因此也是客户的主要供应商。
- 该供应商会将合同的部分内容进行分包,例如,将基础设施服务分包给一家合作伙伴,将应用服务分包给另一家合作伙伴,因此该供应商也是总承包商。
- 客户只与该供应商签署合同,不会与分包商签署合同,因此该供应商属于单一供应商。

这种模式的优势还有管理简单、协调容易、接口单一、责任单一,更容易与供应商建立和维持关系,客户甚至无须建立复杂的内部 IT 团队。但是在运作过程中也发现以下弊端:

- 费用相对高昂,尤其是廉价的云服务出现之后更有明显感受。
- 所采用的技术会逐渐过时,难以跟上市场技术的变化。
- 受限于供应商,无法引进新技术,特别是更灵活、更高效的基于云的技术和方式。
- 受制于供应商,在每个ICT的细分领域,客户无法自主选择同类最佳方案。
- 往往缺少灵活性、敏捷性,缺乏创新。
- 对该单一供应商依赖程度高,存在一定风险。

结果可能造成客户的业务目标难以实现。随着时代的发展,这种模式逐渐失去规模经济的优势,并不总是物有所值,而且大型供应商"寡头垄断"的局面也遭到了批评。

在这样的情况下,IT 服务采购和管理的模式需要发生转变。伴随着英国政府 ICT 战略的发布,一些部门率先将大型供应商合同分解为单独的"塔",即将其中可独立的 IT 组件(例如主机托管、应用开发、桌面支持等)签约给不同的供应商,这种结构也被称为"塔式"结构,这种模式就是多源采购模式。然后可能再签约一个供应商承担服务集成的角色,并由其管理、协调其他供应商。为了更好地管理这种跨供应商的生态,SIAM 模式应势而生。2012 年,基于 ITIL 和其他实践,英国政府采购服务局联合就业与养老金部、司法部以及卫生部共同起草了《跨政府战略 SIAM 参考手册》,首次提出了 SIAM 企业模式。

此后,一些部门和机构根据最新的 ICT 战略,探索和实践了 SIAM 模式,为的是实现以下目标:

- 使技术与部门目标保持一致,利用技术促进业务转型;
- 节省开支,削减IT成本,用更便宜的产品代替原有系统,实现ICT战略所要求的节约目标;
- 寻求"经得起未来考验"的技术,转向云和移动端,拥抱多种新技术;
- 整合众多数据库,开展集成,提高互操作性,避免同样的信息在多个应用系统中单独输入和多次输入;
- 开放数据标准,在不同部门之间共享信息,充分利用最新的创新分析技术;

- 敏捷交付，以IT有力支撑业务，提升便利性和灵活性，提高工作效率；
- 实现物有所值。

2015 年，由英国政府内阁办公室和 Capita 公司合资的 Axelos 公司发布了关于 SIAM 的白皮书。2016 年，Scopism 公司召集业内专家，启动 SIAM 基础知识体系整理。2017 年，本书出版，为 SIAM 体系的进一步实践和应用提供了深入的讲解和指导。2020 年，本书推出了第二版。

SIAM 方法论在当今数字化时代的意义

现在，SIAM 已发展为多供应商环境下开展治理、管理、集成、保证和协调的一种方法论。SIAM 在全球范围内得到了广泛的认知，在各种规模的企业中得以应用，特别是在当今数字化转型的浪潮下，SIAM 中的概念和方法显得更有价值。

数字化转型，是企业面临的新现实。技术的发展令行业间的壁垒逐渐被打破，行业边界越来越模糊，一些处于行业主导地位的龙头企业会逐渐发现，竞争对手已经选择了新的发展道路，新的对手也正在以意想不到的、非传统的方式出现，今天的龙头企业完全可能被数字化企业以数字化入侵的方式通过跨界竞争所颠覆。此外，在不确定的危机面前，具备强大数字化基础的企业可以从容应对。现实的例子有很多，各种不可抗拒的突发事件往往可能对国内外经济和各类企业造成难以估量的影响，而那些较早布局数字化转型的企业却能在危机下减少损失甚至避免损失。事实上，企业已无路可退，数字化转型不再是一种选择，无论主动提升核心竞争力还是被动应对市场竞争和各种危机，企业都将拥抱数字化。

但是，数字化转型不易，企业恐遇高难度挑战。外部环境所渲染的是云计算、人工智能、大数据这些令人振奋的新技术如何改变整个世界，却很少提及实施这些新技术有多么困难。数字化转型项目可能比传统的 IT 项目更为复杂，投入巨资却未达预期效益的例子并不少见。来自麦肯锡公司的调研分析表明，全球有大约 70% 的数字化转型计划失败。而根据埃森哲公司的研究，目前中国只有 7% 的企业成功实现了数字化转型。究其原因，以下几个方面值得注意：

- 战略层面，企业对数字化转型存在认知误区，缺乏全面谋划；
- 管理层面，传统的项目管理方式缺少敏捷性，难以应对快速变化；
- 技术层面，忽视了应用集成和数据集成，依旧存在信息孤岛和数据孤岛；
- 文化层面，忽视了文化变革，企业文化成为转型阻力。

数字化转型成功的关键之一，是针对 IT 服务集成的有效管理。数字化转型项目的确比传统的 IT 项目要复杂得多，而且毫无疑问会涉及企业内部网络和公有云的交互，涉及界面集成、数据集成、流程集成、应用集成和安全集成，也涉及 IT 细分学科、细分领域的技术整合。如果集成做不好，项目就难以成功。但是集成的关键不仅仅是技术，最关键的要素是人，因为这些技术是要依靠掌握它们的专业人员来实现的。而作为一家传统企业，几乎不可能拥有这些技术，也几乎不可能拥有掌握这些最新技术的人才，企业必须依靠供应商（服务提供商）。一个项目的背后，可能有数十家供应商的支持，企业依靠的是各领域有专长的多家供应商。

数字化项目的成功与否，首先考验的是不同系统、不同服务之间的集成能力，其中不但要集成传统的 IT 系统和服务，也可能要集成商品化的云服务。新建的系统要进行集成，历史遗留系统也可能要进行集成。

数字化项目的成功与否，其实考验的是企业对多个服务提供商的管控能力。服务提供商的技术方向、技术能力、组织文化各不相同，他们的责任与权力是否清晰？他们之间是否存在竞争？能否相互信任、相互协作？如何针对多个服务提供商进行有效管理、治理和协调？

数字化项目的成功与否，还会考验企业管理跨职能团队的能力。团队中既有来自企业内部不同部门、不同职能的人员，也有来自不同服务提供商、不同专业领域的人员。他们是否愿意共享信息？是否能顺畅配合？

这些都是数字化转型过程中面对的挑战。因此，数字化转型中的难题最终成为对多供应商环境下的 IT 服务集成进行有效管理的问题。

SIAM 管理方法论提供了数字化环境下的一个跨职能集成、跨流程集成和跨提供商集成的管理方法。SIAM 在发展的过程中，融合了多个全球最佳实践。在数字化转型中面临的诸多挑战，如战略挑战、管理挑战、集成挑战、文化挑战，在 SIAM 方法论中都能找到解决之道。

战略护航，SIAM 路线图指明数字化转型路径。我们可以借鉴 SIAM 方法论，通过设计实施路线图对数字化转型进行路径规划。使用实施路线图有很多好处，例如，可以对数字化转型及其需求进行明确定义，确定数字化转型框架，确定在转型实施过程中的治理模式和持续改进模式，以此对数字化转型进行系统谋划。

最佳管理实践护航，SIAM 助力企业敏捷转型。SIAM 方法论融合了 ITIL、VeriSM、COBIT、DevOps、精益、敏捷等多个最佳管理实践、框架和方法。例如，针对 SIAM 流程模型，会在每个流程的每个步骤融入精益思想，使用精益技术来提高交付价值，最大限度地提高效率、减少浪费。SIAM 倡导在设计、开发和实施 SIAM 模型的各个环节、各个阶段，以十二条敏捷原则作为指导，融入敏捷价值观，提高灵活性，提高客户满意度，支持服务改进。在关注文化与共享、鼓励协作与沟通方面，SIAM 与 DevOps 思维一致，强调了自动化和工具系统的重要性。VeriSM 被称为数字时代的服务管理，它结合资源、管理实践、环境和新兴技术引入了管理网格的概念。在 SIAM 路线图的每个阶段，都可以运用管理网格来描述每项服务涉及的特定资源、环境、管理实践和新兴技术。SIAM 对在何时、在何种情况下应该运用这些最佳实践，给出了具体指导。

服务集成商机制护航，SIAM 助力数字化转型取得最佳结果。在多供应商环境中有多个服务提供商，每个服务提供商负责交付一种或多种服务。SIAM 方法论的特色之一是引入了"服务集成商"的概念。服务集成商提供了一组服务集成能力，负责实施端到端服务的治理、管理、集成、保证、协调和交付，负责对全体服务提供商进行有效的跨组织管理，确保每一个服务提供商都为端到端服务做出贡献。对传统企业来说，管理多个服务提供商的复杂性工作交由服务集成商来负责，能使企业既从服务提供商的专业性和能力中获益，又不会增加额外的管理负担。服务集成商机制令 SIAM 支持跨职能、跨流程和跨提供商的集成。生态系统中的所有各方都对自己的角色、职责以及与相关方的关系有明确的认知，都对自己交付的结果负责。

文化护航，SIAM 强化各方协作配合。SIAM 方法论指出，没有文化变革，组织变革不会成功。向数字化转型，文化是必须考虑的因素之一。生态系统中的所有各方建立在有效的关系和适当的行为之上，需要鼓励和加强这些关系和行为。SIAM 强调，已经习惯于互相竞争的服务提供商必须协同工作，从竞争关系走向协作关系。SIAM 倡导"先解决、后争论"等做法，营造一种专注于业务结果、聚集于客户目标而不是侧重于每个服务提供商合同和协议的文化氛围。

在数字化转型过程中，通过运用 SIAM 方法论，企业能够在战略层面对自身数字化转型进行全面的思考和谋划，有利于把业务发展和新一代信息技术真正地融合起来；在管理和运营层面，能够以更加敏捷、精益、自动、灵活的方式运作，有助于提升适应性，更具创新性；在技术层面，依靠稳妥的集成管理和治理方法，有助于实现各种新技术和流程的无缝集成；在文化层面，有助于推动文化变革，强化积极的行为，形成相互协作与配合的氛围。面对数字化转型的挑战，SIAM 方法论是成功的应对之道。

总而言之，SIAM 正在驾驭数字化环境下的采购和集成模式。作为唯一侧重于多供应商管理的 IT 服务管理方法，SIAM 运用了一个稳健的治理机制对控制进行定义和应用，有助于降低数字化转型中的风险，促进数字化转型的成功。

在翻译和学习本书的过程中，我有以上收获和体会，这也是我把 SIAM 体系推荐给 CIO、CTO、IT 管理者群体和各个 IT 供应商的理由。

致谢与展望

当今世界，技术发展的速度很快，技术落伍的速度也很快。相比之下，一种管理框架或方法能被运用的时间却比较长。因此，掌握方法对 CIO、CTO 来说更加重要，了解 SIAM 一定会有所助益。虽然 SIAM 体系在欧洲已经有多年的发展历史，但是它对于中国的 IT 管理层来说还是个新事物。为了能让更多的 CIO、IT 管理者了解和掌握 SIAM 的一手资料，本书的翻译也延续了以往"众智"的模式，即由中国 CIO 自媒体联盟发起，面向全中国招募 CIO 和 IT 管理者加盟翻译小组，进行联合翻译。

在此感谢史震先生，是他让我第一次听到 SIAM 这个概念。感谢史震先生在 ABB 公司的同事马库斯·穆勒（Markus H.Mueller）先生，是他帮助联系到本书的作者——Scopism 公司 CEO 克莱尔·阿格特女士。感谢作者给予我们的帮助，我们在翻译过程中的一些疑问，她都及时给出了解答。感谢 EXIN（国际信息科学考试学会）亚太区总经理孙振鹏先生，正是在他的努力协调下，SIAM 的知识产权方以及荷兰范哈伦出版社确定由中国 CIO 自媒体联盟对本书进行翻译。也非常感谢清华大学出版社的大力支持。

在翻译本书的过程中，根据篇幅把内容划分为若干部分，将全体译者划分为 15 组。第 1 组成员包括韩斌、宗琳琳、吴旭光和周旻，第 2 组成员包括李胜军、张明文、胡沛琦和徐来，第 3 组成员包括王朝辉、赵宇、王益民和杨帆，第 4 组成员包括刘建平、付宏伟、王立书和侯峰，第 5 组成员包括董磊、闫林和姚凯，第 6 组成员包括苏国华、易军、叶天斌和史震，第 7 组成员包括曹光正、徐青甫和陈起，第 8 组成员包括魏蔚、王浩和邓遵红，第 9 组成员包括叶根平、杨连臣、叶麟和孙鹏，第 10 组成员包括余成波、吴龙、陈明奇和林刚，第 11 组成员包括王小龙、朱楠、张俊杰和张振坤，第 12 组成员包括宋文凯、王俊乐、陈长征和卢吕清，第 13 组成员包括郭晨夫、寿阳、李宁和苏飞，第 14 组成员包括周元德、骆学农、姜伟和陈罡，第 15 组成员包括田冰、杨敏、张铁鑫、张忠中、单梁和苏衡。每组成员均独立翻译指定的内容。全体译者均参与附录 A、附录 B 的翻译，并进行了交叉校对。由我对本书进行了统稿，独立翻译了第二版的新增内容以及附录 C 和附录 D 两部分，同时我对全书进行了反复修改，并交付了终稿。特别感谢 59 位译者的积极参与和辛勤付出！正是大家的共同努力，促成了本书的顺利出版！

交付终稿之时，正值 CIO 自媒体联盟成立 6 周年之际。我们非常高兴能为业内做出些许贡献。本书是 CIO 自媒体联盟出版的第五本图书，是翻译引进的第二本图书。六年时间里，CIO 自媒体联盟会聚了来自多个行业的上百名有思想、有经验、有成就的 CIO 和 IT 领导者，通过翻译国外优秀图书，陆续引进了一些国际先进的 IT 管理思想和 IT 管理方法论；通过编著"CIO 新思维"系列原创图书，在总结传统企业信息化管理实践经验和数字化转型经验的过程中，深刻发掘了 CIO 群体在组织与领导力、战略与顶层设计、架构与方法论、业务与新技术融合、网络与信息安全等领域的独到观点和洞见。CIO 自媒体联盟源于网络自媒体刚刚起步之时，经过探索与沉淀，通过每一本图书，把每一位成员的信息化实战经验和真知灼见带给大家。每一本书都有精彩的观点，都为业内同行带来一场思想盛宴，堪称"CIO 思想汇"。本书的大部分译者参与过以往图书的编著或翻译。因此，本书以"CIO 思想汇"来代表全体译者。在现今数字化转型的浪潮之下，也将以"CIO 思想汇"来代表 CIO 自媒体联盟和作为 CIO 自媒体联盟今后的战略方向。变革和创新永远在继续，但是 CIO 自媒体联盟初心不改，中高层 IT 管理者的成功，依然是"CIO 思想汇"所追求的目标！在此感谢大家的信任和支持！我们愿与业内同行携手并进，共同开创 CIO 职业发展新局面。

值得一提的是，本书与德文版（第二版）、日文版（第二版）同步发行。期待 SIAM 体系在世界各地尤其在中国各行各业的落地和实践，期待与大家继续交流。

主译：李炜

2020 年 10 月于北京

关于译者

CIO 思想汇，前身是中国 CIO 自媒体小组（联盟），现已形成全国近百名 CIO 和业内专家深度参与且影响上千名企业 IT 管理者的 CIO 圈子，先后出版了《CIO 新思维——职业能力提升之道》《CIO 新思维 II ——迎接互联新常态》《CIO 新思维III——变革时代的企业 IT 战略与实务》系列图书，翻译了《狼派 CXO 新思维——基于马基雅维利策略的成功领导力》图书，详见 https://ciochina.org。

序

2016 年，我第一次想到要创作与 SIAM 有关的内容。当时服务管理正在迅速发展，我看到越来越多的组织正在运用 SIAM 来管理复杂的采购环境，特别是针对 IT 服务采购。令人惊讶的是，对于使用该方法的实践者来说，却很少能找到有关 SIAM 的详细介绍资料。

梳理 SIAM 知识体系的想法诞生了。我成立了 SIAM 架构师小组。世界各地的志愿者参与其中，他们来自不同的行业和规模不同的组织。我们组建了一支强大的团队，开始建立基础知识体系。我们的目标是提供标准的 SIAM 术语、指南和内容，可供生态系统中的每一个人使用。

SIAM 基础知识体系有可以免费下载的电子版，也有纸质出版物。自发布以来，下载次数已超过 1 万次。全世界有数百人参加了 SIAM 培训，并通过了 SIAM 基础考试。2017 年，架构师团队不断壮大，我们在首席架构师西蒙·多斯特（Simon Dorst）和米歇尔·梅杰-戈德史密斯（Michelle Major-Goldsmith）的带领下，开发了 SIAM 专业知识体系，提供了更详细的实际指导。

Scopism 继续活跃在 SIAM 领域，主办了一次以 SIAM 为主题的会议，并发布了全球 SIAM 调查。根据从业者的兴趣和调查结果，SIAM 正在持续增长，有些地区比其他地区更加成熟。数字化转型促进了组织将技术作为业务战略的核心，也推动了 SIAM 作为一种采购模式的发展。

这一版的 SIAM 基础知识体系反映了市场的变化，但其基本原则依然是正确的。正是 SIAM 团体的慷慨奉献，使我们得以编写这些有价值的出版物，在此我表示由衷的感谢。

克莱尔·阿格特（Claire Agutter）

关于克莱尔·阿格特

克莱尔·阿格特是一位服务管理培训师、咨询师和作家，也是 ITSM（IT 服务管理）专区和 Scopism 的负责人。2018 年，她被评为 HDI（服务台研究院）前二十五位思想领袖之一，所在团队因 SIAM 基础知识体系荣获 itSMF（信息技术服务管理论坛）英国思想领袖奖。克莱尔是备受欢迎的 YouTube 频道 ITSM 网络研讨会的主持人，也是 VeriSM（数字化时代的服务管理）的首席架构师。

前言

现今，组织的采购环境变得日益复杂，与单一供应商签约的外包模式已经转变为与多个专业服务提供商签约的模式。在新环境中，必须提供跨职能、跨流程和跨提供商的集成，因而对（内部和外部）供应商的管理正面临挑战。

为了应对这些挑战，SIAM 方法论得到了发展。为了从供应商处获得最大价值，很多组织一直在深入了解 SIAM 方法论，并努力付诸实践。

很多组织已经认识到，他们需要一个能有效开展治理、管理、集成、保证和协调的改进方法来指导服务交付。对此，我有所见证。但遗憾的是，他们未能成功实现这一目标，究其原因是缺乏单一的参照点和全面系统的指导。

SIAM 知识体系借鉴了很多组织和行业专家的经验，建立了一套基本的 SIAM 原则。不同规模和类型的组织都能从中受益。

我向迎接这一挑战的贡献者致敬！他们取得了巨大的成果。本书介绍了 SIAM 的概念及其发展，在 SIAM 路线图中明确罗列了组织有效转换到 SIAM 模式所需遵循的步骤，也介绍了 SIAM 的各种结构，阐述了每种结构的优势和劣势以及每种结构应该在何时使用，这将会对实施 SIAM 的组织有很大的帮助。

本书打破了 SIAM 的"藩篱"，探讨了 SIAM 与 DevOps、敏捷、精益等其他实践的融合。作为组织变革管理的热衷者，我很高兴看到 SIAM 把文化因素也考虑在内。

组织业已面临或即将面临的诸多挑战，例如遗留合同、商业问题、安全、文化契合度与行为、控制度与所有权等挑战，在本书中都直接提供了解决之道。

我把本书推荐给每一个正在考虑实施 SIAM 模式的组织，也推荐给已经实施了 SIAM 模式的组织。我知道很多人都急切地希望拥有它。

我也向所有参加 SIAM 基础课程学习和考试的人士推荐本书。这是一份非常宝贵的参考资料。

凯伦·费里斯（Karen Ferris），马坎塔咨询公司总监

关于凯伦·费里斯

凯伦·费里斯是国际知名的服务管理与组织变革管理专家，在组织实施和维护有效、高效的业务及服务管理方面享有盛誉，她在此领域为组织提供战略性和实践性的咨询和帮助。

她是一位作家，也是一位深受欢迎的国际演讲者。2014 年，她因对行业所做的贡献而获得 itSMF 澳大利亚终身成就奖。2017 年，她被评为 HDI 技术支持与服务管理领域前二十五位思想领袖之一。

关于本书

作者和全球贡献者

Scopism 感谢以下人员和组织对本书的贡献：

Atos
- 特里莎·布斯（Trisha Booth）
- 克里斯·布利万特（Chris Bullivant）
- 哈里·伯内特（Harry Burnett）
- 夏洛特·帕纳姆（Charlotte Parnham）

ISG
- 西蒙·德宾（Simon Durbin）
- 迪恩·休斯（Dean Hughes）
- 安德里亚·基斯（Andrea Kis）

ITSM Value
- 大卫·鲍恩（David Baughan）
- 达米安·鲍文（Damian Bowen）

Kinetic IT
- 西蒙·多斯特（Simon Dorst）
- 米歇尔·梅杰–戈德史密斯（Michelle Major-Goldsmith）

Scopism
- 克莱尔·阿格特（Claire Agutter）

Sopra Steria
- 尼古拉·博兰–希尔（Nicola Boland-Hill）
- 艾莉森·卡特里奇（Alison Cartlidge）

- 安娜·莱兰（Anna Leyland）
- 苏珊·诺斯（Susan North）

Syniad IT
- 史蒂夫·摩根（Steve Morgan）

TCS
- 詹姆斯·菲尼斯特（James Finister）

独立人士
- 拉吉夫·杜阿（Rajiv Dua）
- 凯文·霍兰德（Kevin Holland）
- 卡罗琳·特里尔（Caroline Trill）
- 邓肯·沃特金斯（Duncan Watkins）

第二版
以下人员和组织对本书第二版做出了贡献：

Acrinax
- 达米安·鲍文（Damian Bowen）

Capgemini
- 比丘·皮莱（Biju Pillai）

CLAVIS klw AG
- 安杰洛·莱辛格（Angelo Leisinger）

Helix SMS Ltd
- 利兹·加拉赫（Liz Gallacher）

Kinetic IT
- 西蒙·多斯特（Simon Dorst）
- 米歇尔·梅杰-戈德史密斯（Michelle Major-Goldsmith）

Scopism
- 克莱尔·阿格特（Claire Agutter）

Sopra Steria

- 艾莉森·卡特里奇（Alison Cartlidge）
- 安娜·莱兰（Anna Leyland）

South32

- 沙钦·巴塔那加尔（Sachin Bhatnagar）

Valcon

- 莫滕·布赫·德雷尔（Morten Bukh Dreier）
- 里尼·弗里斯（Reni Friis）

独立人士

- 雅科布·安德森（Jacob Andersen）
- 凯文·霍兰德（Kevin Holland）

本书用途

　　本书介绍了 SIAM（服务集成与管理），它是 EXIN（国际信息科学考试学会）和 BCS（英国计算机学会）SIAM™ Foundation（服务集成与管理基础）认证的官方指定参考文献。

商标声明：

SIAM™ 是 EXIN 的注册商标。
ITIL® 是 AXELOS 有限公司的注册商标。
IT4IT® 是 The Open Group 的注册商标。
COBIT® 是 ISACA 的注册商标。
MOF 是 Microsoft 的注册商标。
BiSL® 是 ASLBiSL 基金会的注册商标。
ADKAR® 是 Prosci 的注册商标。
ISO/IEC 20000® 是 ISO 的注册商标。
VeriSM™ 是 IFDC 的注册商标。

推荐语

数字化转型已经进入 2.0 时代，加速实现规模化创新是其核心。数字化转型从来不是单一维度的转型，它涉及领导力转型、全方位体验转型、信息与数据转型、运营模式转型、工作资源转型，而这五个方面的协同转型又是必须经历的。SIAM 管理方法论，提供了数字化环境下一个跨职能集成、跨流程集成和跨提供商集成的管理方法，融合了 ITIL、VeriSM、COBIT、DevOps、精益、敏捷等多个最佳管理实践与框架，对支持组织数字化转型的成功至关重要。

——IDC 中国副总裁兼首席分析师 武连峰

SIAM 是来自全球外包服务最佳实践的管理方法论。很荣幸能与李炜先生及 CIO 思想汇的众多专家共同引进这个引领全球外包服务集成的理论。本书作为中国首部全面、系统介绍 SIAM 方法论的出版物，值得仔细研读。在数字化转型的理念已经深入每个组织和企业之际，期待 SIAM 在国内得以广泛实践，在复杂的数字化、信息化建设中体现出其内在价值。

——天九共享集团高级副总裁，CIO 史震

世界正加速进入数字化智能时代，但却面临组织边界不确定的极大风险。技术的快速迭代，容易造成传统的 IT 交付方式不能满足当下的需要。IT 人要及时蜕变，方能行稳致远，而这种蜕变需要从战略至战术的方法指导，更需要借鉴数字化集成治理和协同的最佳实践经验。本书告诉我们如何以 SIAM 管理方法论去迎接数字化转型中的战略挑战、管理挑战、集成挑战和文化挑战，从而创造数字化的美好未来。

——德勤中国风险咨询领导合伙人 王天泽

目录

1 SIAM 概论

1.1 什么是 SIAM？

SIAM 指服务集成与管理，是一种管理方法论，可应用于由多个服务提供商提供服务的环境中。

一个客户、多个供应商的模式形成了传统的多源生态系统。SIAM 对此的侧重程度有所不同，通过治理、管理、集成、保证和协调，确保客户组织从其服务提供商处获得最大价值。

在此生态系统中，SIAM 治理有三个级别：

- 战略级；
- 战术级；
- 运营级。

SIAM 是从应用于多个服务提供商的集成服务管理框架演进而来的。与单一供应商签约的外包模式已经转变为与多个服务提供商签约的模式，运营模式越来越复杂，与之相关的挑战越来越大，SIAM 因此而得到了发展。

SIAM 支持跨职能、跨流程和跨提供商的集成。它创建了一个环境，让所有各方都能够：

- 对他们在生态系统中的角色、职责以及与相关方的关系有明确的认知；
- 被授权以完成交付；
- 对他们需要交付的结果负责。

SIAM 引入了服务集成商的概念。服务集成商是单一的逻辑实体，负责端到端服务的交付，以及为客户实现业务价值。

📖 **术语**

SIAM 是业内公认的"服务集成与管理"（Service Integration and Management）的英文首字母缩略词。

其他类似的表达包括：

- MSI（Multi Sourcing Integration，多源集成）；
- SMI（Service Management Integration，服务管理集成）；

> - SI（Service Integration，服务集成）；
> - SMAI（Service Management and Integration，服务管理与集成）；
> - SI&M（Service Integration & Management，服务集成与管理）。

SIAM 可用于不同规模和类型的组织，也可用于不同的行业领域。只依赖于单一服务提供商的客户可能无法获得 SIAM 的全部价值。

SIAM 可以运用于多种环境，包括只有外部服务提供商的环境、只有内部服务提供商的环境和内外部服务提供商同时存在的环境。随着服务提供商的数量和服务之间交互次数的增加，SIAM 的效能及其提供的价值将会随之提高。

有些组织文化更容易适应 SIAM。有效地实施 SIAM，要求所有相关方在控制与信任、权责下放、开放和协作中保持一种平衡。那些依赖命令和控制结构才能有效提供服务的组织，向 SIAM 转型过程中可能需要整个生态系统在态度、行为和文化方面进行重大变革。

SIAM 方法论涵盖：

- 实践；
- 流程；
- 职能；
- 角色；
- 机构小组。

SIAM 模型由这些元素开发而来。

客户组织将由传统模式向 SIAM 模式转型。

1.1.1 SIAM生态系统

SIAM 生态系统分为三层：

- 客户组织（含保留职能）；
- 服务集成商；
- 服务提供商（多个）。

每一层都承担对端到端服务进行有效管理的角色，都有责任交付最大价值。每一层都应具有足够的能力与成熟度来履行其职责。

1.1.1.1 客户组织

客户组织是 SIAM 的最终用户。客户组织希望把 SIAM 作为其运营模式的一部分而转向 SIAM。由客户来委托建立 SIAM 生态系统。

客户组织通常会设置业务部门，例如人力资源、财务、销售等部门，也会设立自己的内部 IT 职能。客户组织也需要提供产品与服务给自己的客户。

图 1 展示了 SIAM 生态系统中的各层，以及客户组织中的服务消费者。

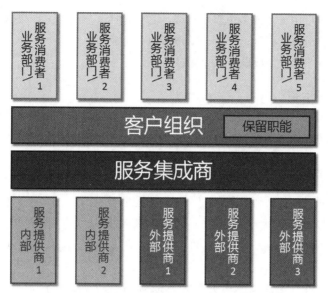

图 1　SIAM 层，包括客户组织中的服务消费者

在本书中，我们使用术语"客户组织"或"客户"来表示正在委托建立 SIAM 的组织。客户组织将与外部服务提供商、外部服务集成商签订合同。

1.1.1.2　保留职能

客户组织会保留一些能力，保留的是那些负责战略、架构、业务接洽和公司治理活动的职能。

这些各不相同的业务职能由客户组织所拥有，通常都处于客户组织的直接控制之下。出于立法或监管原因，必须由客户承担的责任和职责，也由保留职能来担负。

可能的保留职能，举例如下：

- 企业架构；
- 政策与标准管理；
- 采购；
- 合同管理；
- 需求管理；
- 财务与商业管理；
- 服务组合管理；
- 企业风险管理；
- 服务集成商治理（基于所要达成的业务结果）。

服务集成商即使来源于组织内部，也独立于保留职能之外。服务集成不属于保留能力。

保留职能有时被称为"智能客户职能"。

1.1.1.3　服务集成商

在 SIAM 生态系统中，服务集成商层负责实施端到端服务的治理、管理、集成、保证和协调。

服务集成商层专注于实施有效的跨服务提供商组织的管理，确保所有服务提供商为端到端服务做出贡献。服务集成商负责对服务提供商进行运营治理，并与客户组织和服务提供商都有直接关系。

服务集成商层可以由一个或多个组织组成，其中包括客户组织。如果服务集成商层是由多个组织组成的，则仍应将其视为一个单一的逻辑服务集成商。

服务集成商可以包含一个团队或多个团队。

1.1.1.4　服务提供商

在 SIAM 生态系统中，有多个服务提供商。根据合同或协议，每个服务提供商负责向客户交付一个或多个服务（或服务元素），负责管理用于服务交付的产品和技术，同时负责运行自己的流程。

在 SIAM 生态系统中，服务提供商有时被称为"塔"。这个术语往往意味着孤立、独立或者自成一体，所以本书使用"服务提供商"作为标准术语。

服务提供商可以是客户组织的一部分，也可以来自外部。

- 外部服务提供商是不隶属于客户的组织，通常使用服务级别协议和其与客户组织签订的合同来管理其绩效。
- 内部服务提供商是隶属于客户的团队或部门，通常使用内部协议和目标来管理其绩效。

在 SIAM 模型中，服务提供商提供的服务举例如下：

- 桌面服务/终端用户计算；
- 数据中心；
- 主机托管；
- 安全；
- 网络/LAN/WAN；
- 云服务；
- 打印服务；
- 语音和视频（VVI）；
- 应用程序开发、支持和维护；
- 托管服务。

如果客户保留了自己的内部 IT 能力，则应将其视为内部服务提供商，并由服务集成商来治理。

服务提供商分类

在 SIAM 生态系统中，对服务提供商进行分类有助于阐明他们对客户组织的重要性，也有助于确定服务治理和服务保证的方法。

在 SIAM 生态系统中，通常有三类服务提供商：

- 战略服务提供商；
- 战术服务提供商；
- 商品化服务提供商。

SIAM 方法论可运用于对所有这三类服务提供商的管理中，但其中的关系性质和所需管理的体量将有所不同。

图 2 展示了 SIAM 层的顶级视图。

图 2　SIAM 层

每一层的侧重点、活动和职责是不同的。图 3 提供了范例说明。

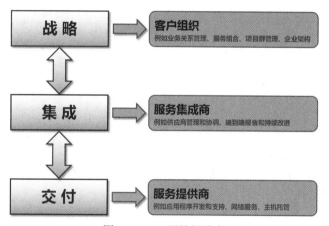

图 3　SIAM 层的侧重点

1.1.2　实践

实践：相对于理论而言，是对一种想法、理念或方法的实际应用或运用。[1]

与其他管理框架不同，SIAM 有一些特定的实践，这些实践支持跨层的治理、管理、集成、保证和协调。

在第 6 章 "SIAM 实践" 中将描述以下实践案例：

- 人员实践：跨职能团队的管理。
- 流程实践：跨服务提供商的流程集成。
- 评价实践：端到端服务报告的编制。
- 技术实践：工具策略的制定。

SIAM 还借鉴了其他 IT 和管理领域的 "最佳实践" ——请参见第 4 章 "SIAM 与其他实践"。

1　引自：《牛津英语词典》© 2017，牛津大学出版社

1.1.3 SIAM和流程

流程：执行一系列任务或活动的可记录、可重复的方法。

SIAM 本身不是流程，它借鉴并使用了其他管理流程。

大多数管理方法要求流程在同一个组织内执行。而 SIAM 中的流程，既可以在同一 SIAM 层中跨组织执行，也可以在不同 SIAM 层中跨组织执行。

SIAM 生态系统中使用的很多流程都是我们熟悉的那些流程，例如变更管理流程、业务关系管理流程。但是在 SIAM 模型中，需要对这些流程进行调整，才能支撑不同相关方之间的集成和协调。这些流程也需要与 SIAM 实践保持一致。

以下罗列的不是一份详尽的流程清单，但是包括了在 SIAM 生态系统中使用的主要流程：

- 审计与控制；
- 业务关系管理；
- 变更管理；
- 发布管理；
- 商务/合同管理；
- 持续改进；
- 事态管理；
- 财务管理；
- 故障管理；
- 请求履行；
- 服务目录管理；
- 信息安全管理；
- 知识管理；
- 监测、评价与报告；
- 问题管理；
- 项目管理；
- 软件资产与配置管理；
- 服务级别管理；
- 服务组合管理；
- 供应商管理；
- 工具系统与信息管理；
- 容量与可用性管理；
- 服务连续性管理；
- 服务的引进、退出和替换。

这些流程需要被分配到适当的 SIAM 层。在不同的 SIAM 实践中，分配可能有所不同。

有些流程会跨越多个层。例如，客户组织和服务集成商都可以运行供应商管理流程。对于端到端变更管理流程，服务集成商和服务提供商会各自承担相应的职责。

1.1.4　SIAM职能

职能：具备特定领域的知识或经验的一个组织实体。[2]

在 SIAM 生态系统中，每个组织会确定自己的组织结构，这个组织结构包括了执行特定流程和实践的职能。

在 SIAM 生态系统中，服务集成商层具有开展治理、管理、集成、保证和协调活动的特定职能。

虽然这些职能在某个高度上看起来与其他管理方法论中的职能相似，但可能会有所不同，因为它们主要侧重于协调和集成，而不是运营活动。

在不同的 SIAM 实施中，这些职能的具体内容也会有所不同，这取决于整个生态系统中角色与职责的定义，以及所采用的 SIAM 模型的详细信息。

1.1.5　SIAM角色

在 SIAM 生态系统中，需要定义、建立、监督、改进角色与职责。

这包括以下每一项中的角色与职责：

- 层；
- 组织；
- 职能；
- 机构小组。

在 SIAM 路线图的探索与战略阶段，确定关于角色与职责的顶级政策。在规划与构建阶段，补充更多的细节。

在实施阶段，角色与职责会被分配给各相关方。在运行与改进阶段，角色与职责会受到监督，必要时会进行修订。

1.1.6　SIAM机构小组

在 SIAM 生态系统中，机构小组是具有特定职责的组织实体，跨多个组织、多个层工作，把职能与实践、流程和角色连接起来。

机构小组中的角色涉及以下职责：

- 治理；
- 开发和维护政策；
- 开发和维护数据与信息标准；
- 审查和改进端到端服务绩效；
- 审查和改进能力与成熟度；
- 识别、鼓励并推动服务持续改进与创新；
- 解决共享问题和冲突；
- 交付特定项目；
- 集成、聚合、汇总数据，形成端到端视图；

2　引自：IT 流程 Wiki

■ 识别并奖励成功。

机构小组成员包括来自服务集成商、服务提供商的代表，必要时还包括客户的代表。

设立机构小组有助于在不同相关方之间建立关系。小组成员为实现共同的目标而协同工作，促进了沟通与协作。

设立机构小组使 SIAM 区别于其他方法，并有助于实现 SIAM 的预期结果。

机构小组有三种类型：

■ 委员会；
■ 流程论坛；
■ 工作组。

1.1.6.1 委员会

在 SIAM 生态系统中，委员会负责开展治理工作。

委员会是正式的决策机构，做出决策并对所做的决策负责。在 SIAM 模型就绪之后，委员会将定期召开会议。

在 SIAM 中，委员会在战略级、战术级和运营级开展治理活动。例如：

■ 战略级：资金审批、合同和商务协议审批、战略审批。
■ 战术级：政策审批。
■ 运营级：服务和流程变更审批。

1.1.6.2 流程论坛

流程论坛针对特定的流程或实践而建立，论坛成员共同开展富有前瞻性的开发、创新与改进工作。

在 SIAM 模型就绪之后，要定期召开流程论坛。流程论坛的职责包括：

■ 开发并共享通用的工作做法；
■ 编制数据与信息标准；
■ 持续改进；
■ 创新。

例如，可以创建一个问题管理流程论坛，成员来自服务集成商和服务提供商，他们有着相同的职责，即问题管理。成员可以联合开发出一系列针对问题管理流程的关键绩效指标。

图 4 给出了一个流程论坛对等关系的例子。

可以为某一个流程创建流程论坛，也可以为一组相关的流程创建流程论坛。例如，可以为与故障管理和请求管理相关的流程建立一个共同的流程论坛。

不需要为每一个流程创建一个单独的流程论坛。如果范围重叠，一个论坛可以涉及多个流程。如果流程论坛职权重叠、工作重复，或者被认为是造成了过多不必要的开销，那么流程论坛的价值就会降低。

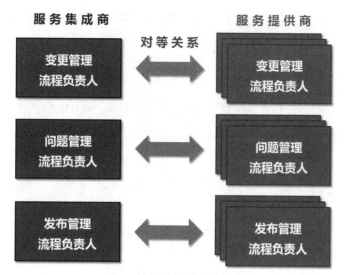

图 4 流程论坛的对等关系

1.1.6.3 工作组

工作组被召集解决特定问题或协助特定项目。工作组通常是在应急情况下临时建立的，也可以定期成立。成员可以来自不同的组织和不同的专业领域。

例如，一个集成服务发生了间歇性的性能问题，可以由与之相关的几个服务提供商成立一个临时工作组对此开展调研。工作组可以由容量管理、IT 运维、开发、问题管理和可用性管理等领域的专家组成。再如，为了管理一个集成服务发布版本的交付，可以成立一个固定期限的工作组，由各层中负责不同流程和职能的人员组成。

流程论坛和工作组中往往涉及相同的人员，因此可以酌情合并到同一个会议中开展工作。在这种联席会议中，重要的是确保既要关注主动活动，也要关注被动活动。

1.1.7 SIAM模型

每个组织都应基于 SIAM 生态系统中层的概念开发自己的 SIAM 模型。组织采用的 SIAM 模型受以下几个因素的影响：

- 服务范围；
- 所要的结果；
- 外部来源服务集成商使用的专有模型。

正因为如此，不存在单个"完美"的 SIAM 模型。不可能有一个模型比其他模型"更好"，只有一些模型可能比其他模型更适合特定的实施。

不同的组织会根据自身的需求调整模型。所有的模型都应具有与本书描述的方法论一致的共同特征。

图 5 展示了一个顶级 SIAM 模型，体现了 SIAM 各层中实践、流程、职能和机构小组之间的关系。

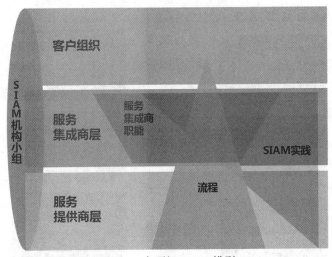

图 5 一个顶级 SIAM 模型

1.1.8 SIAM合同及采购注意事项

在 SIAM 模式中，客户与外部服务提供商、外部服务集成商都具有合同关系。

服务集成商有权代表客户执行合同中与服务提供商交付服务相关的内容。

在客户组织和服务提供商签订的合同中，必须明确指出，服务集成商是客户的代理，无论服务集成商是来自内部还是来自外部。

为了对未来的业务和技术战略提供支持，合同应尽可能考虑服务和工作方式的灵活性，以适应变化。

在很多现有的客户和供应商关系中，标准合同限制了客户组织向 SIAM 转型的能力。为了有效地实施 SIAM，客户组织需要选择正确的服务提供商并签订合同。

与传统的 IT 外包合同相比，SIAM 合同通常更简洁、更灵活。在合同中，应该把鼓励服务提供商协同工作、改进服务和进行创新作为目标。

在 SIAM 环境中，客户、服务集成商和服务提供商都为实现共同的目标而协同工作，在这样的氛围下才能实现最佳的结果。在合同条款中，应以对当事各方公平、透明和不偏不倚的方式尽可能体现出对协作的鼓励。

在供应商管理中，如果仅仅严格遵守合同条款，未必能达成理想的结果，而基于信任更有可能促进协作而取得成功。在 SIAM 生态系统中，为了建立这种信任和公平机制，有必要了解一些管理实践和工作方式，我们将在 SIAM 专业知识体系中对此进行更详细的探讨。

1.2 SIAM 的历史

1.2.1 SIAM作为一个概念

多年来，许多组织一直在使用由多个服务提供商交付的服务。他们已经认识到有必要进行跨服务提供商的服务集成，而且已经使用不同的方法来尝试实现端到端的服务管理。

以往，为了满足特定客户的需求，一些特大型服务提供商曾经开发过这类生态系统的管理模型，但是很少对外共享过。

在大多数情况下，这些服务提供商都具有重大系统集成的交付能力，但他们都没有明确提出服务集成的概念。这些组织通常被称为系统集成商（SI）或 IT 外包提供商（ITO）。

1.2.2 术语"SIAM"的出现

"服务集成与管理"或者 SIAM 这个术语，以及 SIAM 作为一种管理方法论的概念源于 2005 年前后的英国公共部门内部（这里也是 ITIL 等其他最佳实践方法论的源头）。

这种方法论最初是为英国就业与养老金部设计的，目的是从多个服务提供商交付的服务中获得更高的性价比。值得一提的是，其中将服务集成能力、系统集成能力和 IT 服务提供能力进行了区分。

新方法减少了服务提供商的重复活动，并引入了"服务集成商"的概念。这种新的服务集成能力强调了治理和协调，鼓励服务提供商协同工作，以降低成本和提高服务质量。

SIAM 被视为一种方法论，而不是一种职能。在这种方法论中，服务集成商提供了一组服务集成能力。

正在兴起的 SIAM 方法论促进了各服务提供商之间的协作，促进了各服务提供商之间的接口管理。服务集成商在服务提供商层之上，高出一层。

在 SIAM 生态系统中，使用流程来定义活动、输入、输出、控制和评价。SIAM 方法论允许每个服务提供商自主采取行动，同时确定了促进这些活动的特定机制，最终由服务集成商进行审计和保证。

图 6 展示了一个简单的 SIAM 模型视图。

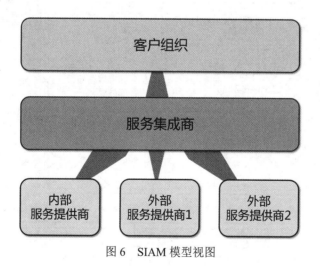

图 6　SIAM 模型视图

1.2.3 SIAM在英国政府的发展与应用

2010 年，英国政府发布了一项新的信息和通信技术（ICT）战略，其中包括建议从依赖大型主要供应商方式转向使用多个服务提供商的更灵活的方式，鼓励采用基于云的解决方案等举措。

在支持这一战略的一份文件中，有关人员提出了一种对服务管理进行治理和组织的新方法，即确定一个适当的服务管理框架，用以在服务交付和服务改进的整个生命周期中协调多个服务及其提供商与消费者，确保服务的安全性、一致性和连续性。

这一举措促进了英国公共部门和其他组织对 SIAM 的开发和认知。英国政府于 2012 年发布了跨政府战略 SIAM 参考手册。这本手册是由就业与养老金部、司法部、国民医疗服务（NHS）健康连线机构以及政府采购服务局基于 SIAM 经验和专业知识而开发的。图 7 展示了该手册中的 SIAM 企业模型。

这本手册的目的是促使英国公共部门及其机构向组件化、多源化、多服务的环境转换。

这本手册对 SIAM 能力进行了宽泛的描述，提供了一个建议采用的企业模型，但也鼓励使用者对其进行调整以适应自身的具体需求。

这是首次针对 SIAM 进行的宽泛可用的描述。它的出版迅速提高了全球对 SIAM 的认知、发展和讨论。

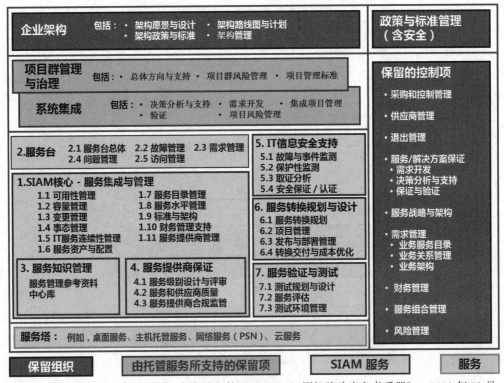

图 7　SIAM 企业模型，选自《服务集成与管理（SIAM）框架跨政府参考手册》，2012 年 10 月

《现代英国政府服务设计手册》指出：

"服务集成的难度因所支持客户的复杂度、所支持业务的复杂度以及所交付服务的复杂度而异。随着服务和业务变得越来越关键，或变得越来越复杂，服务集成的程度也变得越来越深入。

服务集成职能的设计因部门而异。它可能完全在内部运营，或者说它可能由精简的内部职能组成，一些特定的服务元素（例如性能监测、服务台或服务级别报告）被外包和进行了集成，但是内部职能对 IT 服务集成的端到端运营和质量管理负最终责任。对于较小的部门和简单的服务，特别需要注意的是不必过度设计服务集成方法，而是有效地使用商品化的、基于标准的 IT 服务，这意味着集成和支持的要求比起管理一个锁定的定制系统来说要简单得多。"[3]

1.2.4 近期历史

在过去的 10 年中，对 SIAM 方法的开发和运用显著增加。2017 年本书的首次出版促进了 SIAM 的发展。这是由以下战略因素驱动的：

- 采购模式的复杂性不断增强；
- 世界范围内对价值提升的呼声越来越高；
- 摆脱对单一供应商依赖的愿望变得迫切；
- 有效控制的诉求不断增加；
- 尽可能使用和灵活使用同类最佳服务提供商及服务的愿望变得强烈，这些服务包括基于云的商品化服务。

SIAM 出版物越来越多，能够提供服务集成能力的商业组织也越来越多，因此 SIAM 得以发展和运用。这些商业组织中的大多数都有自己的模型。

📖 **观点**

"在业务和 IT 复杂度不断增加的背景下，IT 服务提供商面临着以更低成本交付更多服务的挑战。客户希望成本透明化，要求 IT 价值得以彰显。此外，多源服务交付是很多组织的新现实。客户和用户都需要创新的技术解决方案，都希望利用每个提供商的专长，但是不一定希望面对控制多个提供商的复杂网络所带来的问题。

很多现代企业采用了多提供商交付模式，这引起人们对 SIAM 所能带来的收益产生兴趣。越来越多的客户要求建立一个具备良好定义的、紧密结合的控制结构，以便以一致和高效的方式管理多个服务提供商。他们需要跨服务组合能够满足用户对绩效的要求，并且能够随着要求的变化而灵活调整。"

引自：《谁是 SIAM 的王者？》白皮书，西蒙·多斯特，米歇尔·梅杰—戈德史密斯，史蒂夫·罗宾逊

虽然 SIAM 本身可能并不是新事物，但关键的是，人们认识到 SIAM 对于支持多供应商生态系统中的价值交付至关重要。有证据表明，这种认识随着以下情况的增加而增长：

- 非 IT 服务提供商被纳入 SIAM 生态系统中（有时称为"企业 SIAM"）；
- 内部服务提供商团队处于服务集成商的管理之下。

---

3 引自：https://www.gov.uk/service-manual

1.3　SIAM 的目的

> 📑 **观点**
>
> 　　"有效的 SIAM 力求将多源服务同类最佳的优势与单源服务管理简单的优势集于一身，最大限度地降低多源方法的天然风险，为服务消费者规避供应链的复杂性。因此，SIAM 对于正在向多源环境转换的企业和已经采用多源服务的企业来说，都是合适的。一个经过精心设计、规划和实施的 SIAM 模型，可以让那些使用多个外部供应商的企业、使用内外部混合供应商的企业和只使用内部供应商的企业都能从中获益。因此，SIAM 适合当今大多数企业。"
>
> 　　引自：《基于 ITIL 模型的有效服务集成与管理》白皮书实例，凯文·霍兰
>
> 　　版权：© AXELOS 2015，保留所有权利

　　乍看起来，SIAM 似乎只是对诸如 ITIL（信息技术基础架构库）、COBIT（信息与相关技术控制目标）、OSI（开放系统互联）或 MOF（微软运营框架）等常见服务管理方法的改编，但是 SIAM 的独特之处在于，它强调的是与多源服务交付模式有关的特定挑战，并侧重于此。

　　在 SIAM 生态系统中，服务集成商向客户交付的是一种具备单点问责和控制机制的集成服务，这得益于运用一种稳健的治理方法对控制进行定义和应用，对每个服务提供商进行必要的协调。同时，服务集成商代表客户，推动着服务提供商之间的协作和改进。

　　服务集成商代表客户开展这些活动，使客户组织可以专注于自身业务所必需的活动，而无须专注于服务提供商和技术。

　　管理多个服务提供商的复杂工作交由服务集成商来负责，这使客户既能从服务提供商的专业性和能力中获益，又不会增加额外的管理负担。

　　运用 SIAM 方法论创建了这样的一个生态系统，其中参与服务交付的所有各方都对自己的角色与职责有着清晰的认识，并被授权在职责边界内提供服务。

　　在服务与服务提供商之间需要进行必要的交互，有效管理这些交互也需要一定的技术。通过 SIAM 可以领会这一点，SIAM 促进了交付、集成、互操作性之间的协调。

　　服务集成商对每个服务提供商的绩效提供了保证，也对端到端服务绩效提供了保证，确保了预期结果能够交付给客户。

　　SIAM 能够实现必要的灵活性与创新，以紧跟组织快速发展的时代步伐。

1.4　SIAM 的范围

　　SIAM 的范围因组织而异。客户组织正在向 SIAM 模式转换，为了使客户从中获益，必须明确服务范围。

　　对服务进行定义，将会明确哪些事项是由服务集成商进行治理、管理、集成、保证和协调的。

　　对于 SIAM 范围内的每一项服务，都必须明确以下这些领域：

■　服务结果、价值和目标；

- 服务提供商；
- 服务消费者；
- 服务特征，包括服务级别；
- 服务边界；
- 与其他服务的依赖关系；
- 与其他服务的技术交互；
- 与其他服务的数据与信息交互。

应该创建一个展示服务层次结构的服务模型。该层次结构必须清晰地标识出：

- 客户组织直接使用的服务；
- 基础支撑服务及依赖关系。

图 8 给出了展示服务层次结构的服务模型示例。

该模型展示了服务提供商所提供的服务（图中以字母表示）是如何满足客户组织的业务需求的，以及这些服务与其他支撑服务（图中以数字表示）的依赖关系，而支撑服务可能有一种或多种，也可能是由另一个服务提供商提供的。

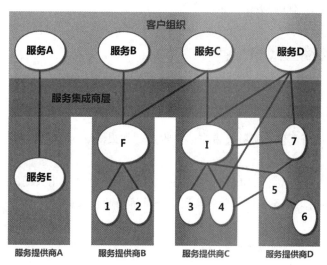

图 8　展示服务层次结构的服务模型

1.4.1　服务类型

SIAM 可以应用于 IT 服务、技术以及非 IT 服务。历史上，它主要用于 IT 服务。

SIAM 可以应用于托管服务和云服务，也可以应用于更传统的 IT 服务，例如主机托管或终端用户计算。

不同的组织，在其 SIAM 模型范围内的服务类型也不尽相同。某些模型可能只包含那些以前是由内部 IT 提供的服务。作为战略的一部分，这些服务可能将外包给外部组织。

其他模型可能包含更广范围的从外部提供的服务，同时保留内部 IT 部门作为内部服务提供商。客户组织将根据战略和需求来确定服务范围。

关于 IT 服务，举例如下：

- 办公效率应用程序；
- 客户关系管理系统；
- 网络；
- 定制的客户应用程序。

SIAM 范围内非 IT 服务的示例包括销售订单管理、薪酬管理和消费者服务台等业务流程。

云服务

SIAM 还可以应用于建立在云端的商品化服务，包括：

- 软件即服务（SaaS）；
- 平台即服务（PaaS）；
- 基础设施即服务（IaaS）。

云服务提供商对所有客户使用相同的交付模式。因此，他们未必会调整自己的工作方式，不大可能会考虑满足客户特定的 SIAM 需求，也难以接受服务集成商的统一治理。

服务集成商会认识到这一点。为了给客户交付结果，服务集成商会去适应云服务提供商的方式，因此，SIAM 对这些服务来说依然有效。

1.5 SIAM 和商业战略

1.5.1 为什么要变革？

由多个服务提供商交付的服务会带来诸多收益。如果缺乏有效的服务集成，那么这些预期收益就无法实现。

如果组织向 SIAM 转型，在 SIAM 路线图的各个阶段就会开发出关键的工作产出物，包括：

- 针对所有端到端服务如何运营和集成的一个清晰的设计；
- 标准治理方法；
- 集成服务问责机制的定义；
- 端到端绩效管理与报告框架；
- 服务提供商之间的协调方式；
- 不同服务提供商之间的流程集成；
- 对角色与职责的定义；
- 针对涉及多个供应商的故障和问题，其所有权和协调方式的定义。

为什么要采用 SIAM，组织必须有一个清晰的认识。向 SIAM 转型并非易事。对所有相关方来说，都需要投资和进行变革。变革将影响以下领域：

- 态度、行为与文化；
- 流程与程序；
- 能力；
- 组织结构；
- 资源；

- 知识；
- 工具；
- 合同。

高层支持和管理承诺至关重要。没有管理层的承诺，向 SIAM 转型难以成功。

不是所有的组织都适合 SIAM。任何一个组织在准备转换到 SIAM 模式之前，都必须充分了解 SIAM 和它所能带来的收益。这将使组织能够做出基于价值的判断。

组织可以通过以下三种方式之一或者综合起来进行理解：

- 对主导SIAM探索与战略阶段工作的员工开展SIAM方法论教育和培训；
- 从组织外部寻求帮助，无论是从相似的组织还是从运用SIAM有经验的组织；
- 招聘具有SIAM知识和经验的新员工。

1.5.2　SIAM的驱动力

在本书中，驱动力被定义为"能创造和激发活力，或赋予力量和动力的因素"。[4]

这些驱动力激发了组织转向 SIAM 模式的意愿。了解 SIAM 的驱动力将有助于组织明确目标。

驱动力将用于形成向 SIAM 转型的商业论证，还将帮助组织在整个 SIAM 路线图的各个阶段保持聚焦于重点。

📄 **案例**

多服务提供商生态系统面临的交付挑战

服务提供商在帮助客户交付业务结果方面发挥着至关重要的作用。交付不良的服务会直接影响客户的业务结果，影响客户为自己的客户提供服务。

无论服务是由一个服务提供商提供的，还是由多个服务提供商提供的，都是如此。然而，当有多个服务提供商时，随着复杂度的增加和服务提供商之间交互的频繁，成功交付的挑战会更大。

提供糟糕的服务可能会带来不可预期的后果，不妨看看以下这些场景：

- 一位患者在某家医院预约了一次全方位的医学扫描检查。但此时医疗设备停止运转了，故障原因不明。患者的预约必须重新安排。这次预约的延误，是否会对患者的健康造成负面影响？

- 在高速公路上，一位带着小孩、独自驾车的女士需要救援。但是系统变更失败导致指挥控制系统出现故障，无法安排救援人员。汽车救援组织对可调遣哪些救援人员无从知晓，甚至也不知道他们的具体位置。那么这位女士和她的孩子将面临多大的风险？风险又会持续多久？

- 假日购物季前夕，在线零售商无法应对交易量的增加，零售平台访问速度变慢，在线支付失灵，有时甚至无法登录。客户是会继续忍受，还是会另选其他商家进行采购？

- 没有经过全面的测试，一家旅行社就对预订系统仓促地进行了更新，结果导致客户的个人信息（包括信用卡的详细信息）遭黑客入侵而被窃取。媒体已经知晓了此事，

4　引自：《柯林斯英语词典》（完整未删节本第 12 版）© 2014，哈珀柯林斯出版社，1991，1994，1998，2000，2003，2006，2007，2009，2011，2014

> 并报道了身份信息被盗的最坏情况和对客户的潜在财务影响。这家旅行社的声誉是
> 否还能恢复？业务是否还能为继？

SIAM 有适用于每个组织的通用驱动因素。这些因素可分为五组：

- 服务满意度；
- 服务与采购环境；
- 运营效率；
- 外部驱动力；
- 商业驱动力。

1.5.2.1　服务满意度驱动力

服务满意度驱动力包含七个因素，且与客户所接受服务的满意程度以及客户预期的满意程度有关。它们是：

- 服务绩效欠佳；
- 与服务提供商的交互方式不统一；
- 角色与职责不够清晰；
- 变革步伐缓慢；
- 无法展现价值；
- 服务提供商之间缺乏协作；
- 存在交付孤岛。

服务绩效

无论由谁提供服务，客户都希望服务绩效和服务可用性能够得到保证。

在某些情况下，处于多服务提供商生态系统中的客户可能会对服务级别不满，尽管每个服务提供商都报告说他们实现了自己的服务级别目标。

举一个关于故障解决时间的例子。将故障信息从一个服务提供商传递给另一个服务提供商，是需要花费时间的。而在服务级别计算中，通常不会考虑这个传递时间。

如果缺乏有效的治理、协调和协作，就会出现服务绩效问题，包括：

- 端到端服务缺乏透明度；
- 对端到端服务绩效缺少全面理解，无法完成端到端服务绩效报告；
- 跨端到端服务缺失服务级别管理；
- 服务绩效不符合业务要求。

与服务提供商的交互

在多服务提供商环境中，用户可能不得不以不同的方式单独与每个内部或外部服务提供商进行交互。

例如，一个服务提供商只能通过电话联系，另一个只能通过电子邮件联系，或者只能通过其门户网站联系。

清晰的角色与职责

在多服务提供商生态系统中，角色、职责和问责机制可能不够清晰。服务交付的职责和主责，往往由几个不同的角色承担。

有些服务提供商可能与客户的一个部门具有紧密的联系。例如，外部的薪资服务提供商对接薪资部门。有些服务提供商可能需要与客户的多个部门建立联系。例如，主机托管提供商需要对接 IT 运维部门、工程部门和应用程序开发部门。

如果缺乏有效的治理和协调，出现问题却无人"认领"的风气就会不断蔓延，这将导致客户的不满，感知价值降低。

例如，客户经常遇到业务服务绩效下降的问题。该服务由来自不同服务提供商的多项技术服务组成。每个提供商都认为自己的服务运行正常，而应该负责的是其他服务提供商。

缓慢的变革步伐

为了满足业务需求，客户期望能够加快变革。

客户还期望快速引进新的服务、新的服务提供商和新技术，并且以最快的速度实现与现有服务的集成。

价值展现

客户期望服务交付的结果满足需求，成本合理，质量合格。但在很多组织中，IT 部门无法向客户展现价值。

服务提供商之间缺乏协作

随着参与服务交付的相关方数量的增加，协作的需求也在增加。

此时的环境，不再只是每个服务提供商和客户之间的单向关系，还有多个服务提供商之间的网状关系。服务提供商需要协同工作，才能提供以客户为中心的服务。

外部服务提供商因其自身的商业利益和驱动因素，可能与客户或其他服务提供商的目标相冲突。

例如，客户的业务服务依赖于来自不同服务提供商的多个服务的集成，而每个服务提供商可能只关心自己所负责的服务元素的可用性。

如果服务提供商不考虑其服务如何与其他提供商的服务交互，那么当他进行服务变更时，可能导致集成服务停止运行。

交付孤岛

在存在多个内部或外部服务提供商的环境中，如果每个服务提供商只关注自身的目标和结果，就会产生交付孤岛。

这些孤岛导致服务提供商、流程和部门相互隔离，会造成以下影响：

- 工作重复；
- 知识无法共享；
- 服务提供成本增加；
- 服务绩效可能降低；
- 服务改进无法识别。

由于孤岛之间缺乏合作，相互指责的氛围就会出现。当服务出现故障时，每个孤岛都会把重点放在证明自己没有出错上，而不是通过协同工作来解决问题。

1.5.2.2 服务与采购环境驱动力

服务与采购环境驱动力与服务和服务提供商的性质、数量和类型有关，也与它们之间交互的复杂性有关。它包含五个因素：

- 外部采购有助于降低成本；
- 影子IT可能引发集成问题；
- 多源采购有助于降低风险；
- 服务提供商数量在增长，选择越来越多；
- 不灵活的合同使客户受限。

外部采购

很多传统的 IT 服务管理框架是基于内部服务环境设计的。大部分服务的支持和开发源于内部环境，IT 服务管理实践也来自内部环境。现在，很多客户获取服务的方式已经发生了根本性变化。

很多组织已经从战略的高度决定从外部采购应用和服务，而不再采用以往的内包方式。

外部采购服务方式加剧了服务提供商之间广泛的竞争，这有助于降低成本而使客户从中受益。这种采购方式还为客户使用同类能力中的最佳服务提供了机会。

这些服务既包括专业的服务，也包括基于云的商品化服务。客户希望所有的服务都能与自己正在使用的其他服务实现全面集成。

影子 IT

影子 IT 是指由业务部门委托实施但并未知会 IT 部门的 IT 服务和系统（有时也称为"隐形 IT"）。

这些服务为满足业务需求而建立，但是当它们需要与客户的其他服务进行连接或同步时，可能会引发问题。

多源采购

很多组织已经做出了战略决策，从单源采购模式转向多源采购和多种交付渠道模式。

这种转变往往会导致内部采购和外部采购的混合。过度依赖单一服务提供商会产生很多问题和风险，而多源采购可以减少问题、降低风险。这些风险包括：

- 变革步伐缓慢，创新水平低下；
- 与竞争对手相比，服务成本较高；
- 依赖特定的技术平台；
- 无法使用其他新的服务产品、新的服务提供商或新的技术；
- 受到长期合同的制约；
- 对服务缺乏控制；
- 客户组织缺乏服务知识；
- 在更换新服务提供商的过渡期间，承担服务连续性的高风险；
- 更换到新的单一服务提供商的成本问题；
- 存在服务提供商倒闭的风险。

服务提供商数量的增长

市场上，服务提供商的数量在持续增加。对于正在评估不同采购方式的客户组织来说，将有越来越多的服务提供商可供选择。

不灵活的合同

客户受到服务提供商不灵活的长期合同的限制，影响了技术发展和创新实践。

转向 SIAM 模式，合同条款更加灵活，合同周期更短，允许客户增减服务提供商，也可以调整与现有服务提供商的合作方式。

1.5.2.3 运营效率驱动力

有四个驱动力因素与运营效率有关，涉及端到端服务交付的改进和效率。通过标准化和整合，会促进运营效率的提高。

这四个因素是：

- 服务管理能力存在差异；
- 对数据与信息流的理解不一致；
- 数据与信息标准不统一；
- 工具之间缺少集成。

差异化的服务管理能力

在多服务提供商的环境中，每个服务提供商都将保留自己的服务管理能力。客户也需要保留与服务提供商进行交互的服务管理能力。

这可能导致：

- 资源和活动的重复；
- 某些领域利用率低，而另一些领域利用率高；
- 能力与成熟度水平不一致；
- 知识无法实现共享；
- 流程和程序不一致；
- 团队之间形成互相指责的氛围。

这些都会导致客户组织的成本增加和服务绩效下降。

数据与信息流

在多服务提供商的环境中，在端到端服务交付期间，数据与信息将在各方之间传递。

如果没有在环境中映射数据与信息流，各方对数据与信息流的理解不一致，则可能导致数据与信息流中断，这会影响服务绩效，造成运营效率低下。

在 SIAM 方法论中，"集成"元素管理着端到端服务。这需要掌握所有数据与信息的来源，以及数据与信息在各方之间的交互情况[5]。

通过映射数据与信息流，各方可以深入了解不同服务提供商之间的边界，进一步创建数据与信息流的集成。

接着，依托 SIAM 来管理和协调这些数据与信息流，以此确保端到端交付的服务级别符合客户要求。

数据与信息标准

如果数据与信息标准不一致，那么服务提供商之间，以及服务提供商和客户之间交换数据与信息时，将要付出额外的努力。

在服务管理集成方法中，引入统一数据字典的概念，内容包括：

- 故障严重性、分类和记录；

---

5 可采用类似 OBASHI 的技术映射数据流来支持 SIAM

- 服务级别和服务报告；
- 变更请求；
- 容量和可用性记录；
- 管理报告格式；
- 知识产物。

工具

服务提供商使用自己的工具系统来支持内部流程。当需要与其他提供商、客户交换数据或信息时，工具系统之间缺少集成可能会产生问题。

如果没有交互操作设计，这些交换可能效率低下，从而导致：

- 接收方需要重新输入数据与信息（"转椅方式"）；
- 数据与信息需要转换；
- 数据与信息无意中被更改；
- 数据与信息丢失；
- 各方交换出现延时，服务体验不佳。

📖 **术语**

转椅方式

"转椅方式"[6]是个通俗的说法，表示将数据手动输入一个系统中，然后将相同的数据输入另一个系统中。该术语源于用户坐在转椅上，从一个系统前转到另一个系统前的场景。

1.5.2.4 外部驱动力

有两个驱动因素与外部条件有关，是从外部施加于组织且组织必须以某种方式进行回应的因素。这两个驱动因素是：

- 对公司治理有效性的更高要求；
- 外部政策中的强制性要求。

公司治理

很多客户通过公司治理要求明确服务提供商的职责和对他们的控制措施。例如美国在2002 年通过的《萨班斯—奥克斯利法案》，旨在保护投资者免受欺诈性会计活动的侵害。

有效的公司治理要求在颗粒度上比以往更加细化，体现在对角色、职责、问责机制的定义以及对各方与系统之间交互的定义方面。

外部政策

对于一些组织来说，根据组织外部的政策，对 SIAM 的使用是强制性的。

政策驱动适用于：

- 受政府或国家政策影响的公共部门组织；
- 受政府或国家政策影响的公共部门的服务提供商；
- 已采用SIAM作为战略的大型集团下的私营部门组织。

6　引自：http://www.webopedia.com/TERM/S/swivel_chair_interface.html

1.5.2.5　商业驱动力

与商业有关的驱动因素有两个，适用于那些希望提供与 SIAM 有关的商业服务的组织。它们是：

- 服务提供商，希望在 SIAM 生态系统中竞争；
- 服务集成商，一些组织希望提供服务集成能力。

服务提供商

如果客户组织采用 SIAM，也会要求服务提供商采用一致的 SIAM 模式。

很多传统提供商的交付模式与 SIAM 模式并不一致，因为他们没有考虑与其他服务提供商和服务集成商的集成需求。

如果这些服务提供商希望能够在 SIAM 生态系统中竞争，他们必须改变自己交付服务的方式。

改变将影响：

- 工具；
- 流程与程序；
- 流程接口；
- 数据字典与标准；
- 服务报告；
- 治理方法；
- 数据与信息标准；
- 商业与合同标准。

服务集成商

一些组织希望为客户提供服务集成能力。他们可能作为外部来源服务集成商或混合来源服务集成商，或者他们只提供专家支持。他们会在以下 SIAM 路线图的一个或多个阶段提供服务：

- 探索与战略阶段；
- 规划与构建阶段；
- 实施阶段；
- 运行与改进阶段。

1.6　对组织的价值——SIAM 商业论证

任何考虑进行 SIAM 转型的组织都需要了解预期的收益。明确了这些收益，将为开发 SIAM 商业论证打下基础。

收益可能是有形的（例如节约了成本），也可能是无形的（例如改善了客户服务）。

每个组织的收益和成本会有所不同。这取决于很多因素，包括：

- 驱动力；
- 要求的业务结果；
- 服务范围；
- 客户组织在 SIAM 生态系统中的角色；

- 预算；
- 组织文化；
- 风险偏好；
- 现行遗留合同及其适应新工作方式的灵活性。

采用 SIAM 模式会产生服务成本，实现变革会产生转型成本，提升能力和形成工作产出物会产生开发成本。有些能力是组织目前不具备的，但是在 SIAM 生态系统运营中又是必不可缺的。

组织应考虑来自自身的驱动力，由此对预期的商业收益会有一个清晰的认识。

一般来说，大多数向 SIAM 转型的组织都会在以下四个方面获益：

- 提高了服务质量；
- 优化了成本，增加了价值；
- 改善了治理和控制能力；
- 提升了灵活性和速度。

在确定预期收益时，组织应考虑实现目标的周期。转型完成后，可能需要一段时间才能看到收益。

SIAM 模式利用来自多个服务提供商的经验和输入，从服务提供商之间的协作和竞争关系中获益。

1.6.1　提高服务质量

提高服务质量是 SIAM 商业论证内容的一部分。与服务质量有关的收益包括：

- 将重点从实现合同目标转向注重创新和满足业务感知需求；
- 实现一致的服务级别，包括端到端的
  - 故障和问题解决时间，
  - 服务可用性，
  - 服务可靠性；
- 提高客户对服务的满意度；
- 客户可以专注于交付自己的业务结果，并对自身的支持服务有信心；
- 针对跨服务提供商集成变更，提高交付质量；
- 改进端到端的流程流，有时称为"SIAM节奏"；
- 最终用户与服务提供商交互方式一致；
- 对服务管理信息的理解一致；
- 有机会使用同类最佳的服务和服务提供商；
- 开发、共享知识和最佳实践；
- 持续改进服务。

1.6.2　优化成本，增加价值

在 SIAM 商业论证中，必须考虑向新的工作方式转变所付出的成本。无论服务集成商是来自外部还是内部，服务集成商层都会增加组织的额外成本。

服务提供商层可能带来成本优化，向 SIAM 转型会有价值的提升。但是，增加的价值应该大于所有增加的成本，至少应该平衡。

如果 SIAM 设计和实施得当，服务价值将会提升，既会产生有形的收益，也会产生无形的收益。

这些收益包括：

- 来自以下方面的成本优化，
  - 创新，
  - 对每种服务和每个服务提供商的实际成本和价值的理解，
  - 服务提供商之间的竞争状况，
  - 技能（通常是稀缺资源）的充分运用，
  - 流程执行成本的降低，
  - 重复资源和活动的识别与消除；
- 提高单个服务的性价比；
- 所有服务提供商的绩效保持一致，从而提高了效率；
- 对资源和能力做出改进管理；
- 对不断变化的业务需求做出更快响应；
- 更快地使用新技术和服务；
- 优化合同，能签署周期更短、更有效的合同；
- 灵活适应变化。

1.6.3 改善治理和控制能力

SIAM 提供了一个对所有外部、内部服务提供商实施一致的治理和控制的机会。

治理和控制的收益包括：

- 对治理框架一致的、可见的定义和应用；
- 对服务和服务提供商的一致性保证；
- 服务的单点所有权、可见性和控制；
- 对服务、角色、职责和控制的明确定义；
- 对服务提供商绩效管理的改进；
- 拥有了在服务提供商之间建立标杆的能力；
- 与治理和控制有关的合同优化和标准化；
- 对服务风险的可见性、理解和管理的改进。

1.6.4 提升灵活性

如果设计和实施得当，SIAM 可以提供必要的灵活性，以支持不断变化的业务需求，并能够在灵活性与适当的控制水平之间保持平衡。

这类收益包括：

- 能够及时有效地引进新的服务和服务提供商、更换服务和服务提供商；
- 能够灵活替换绩效不佳或不经济的服务提供商；
- 快速适应服务、技术和业务需求的变化；
- 提升了以一致的方式管理商品化服务的能力；
- 提升了服务扩展能力。

2 SIAM 路线图

SIAM 即将作为组织运营模式的一部分，通过路线图概述了实施 SIAM 的示例计划。

使用路线图有诸多益处，包括：

- 定义SIAM需求；
- 提供规划框架；
- 确定最合适的SIAM结构和SIAM模型；
- 指导实施；
- 不断指导持续改进。

SIAM 路线图划分为四个阶段：

- 探索与战略阶段；
- 规划与构建阶段；
- 实施阶段；
- 运行与改进阶段。

对每个阶段，本章都提供以下示例：

- 目标；
- 触发因素；
- 输入；
- 活动；
- 输出。

虽然这些活动在这里是按顺序呈现的，但很多活动可能是迭代的，甚至可能是并行的。

在第一阶段明确了顶级需求，在第二阶段进一步发展，在第三阶段进行实施，在第四阶段 SIAM 模型开始运转并得以持续改进。

在很多情况下，SIAM 路线图会被迭代执行。每个阶段结束时都有一个检查点，将审查以下内容：

- 本阶段的预期目标和实际输出；
- 风险；
- 问题；
- 下一阶段的计划。

这些信息用于验证路线图先前阶段的决策。这时潜在的问题可能会凸显，这就需要返回更早的阶段，开展进一步的工作。

> **📑 案例**
>
> **路线图迭代的一个例子**
>
> 在探索与战略阶段，客户组织拟采用内部来源服务集成商结构。
>
> 在第二阶段，制订规划并设计 SIAM 模型来支持这种结构。
>
> 然而，在第三阶段发现无法招募到必要的资源。于是返回第一阶段重新审查战略，改为采用混合来源服务集成商结构。
>
> 因此必须重新经过规划与构建阶段。

很多客户组织在执行 SIAM 路线图期间会使用外部援助。这在向 SIAM 转型期间会有所帮助，但是客户组织需要确保外部组织使用的模式适合自己的需求。

如果需要外部组织的帮助，最好在探索与战略、规划与构建这两个阶段，在外部组织和外部服务集成商之间建立一个商业边界。

2.1　探索与战略阶段

2.1.1　目标

在探索与战略阶段，启动 SIAM 转型项目，制定关键战略，梳理组织现状，明确以下事项：

- 确定内部采购范围；
- 考虑所需的一切额外技能和资源；
- 确定外部采购范围；
- 了解预期收益。

本阶段目标如下：

- 建立SIAM转型项目；
- 建立治理框架；
- 定义SIAM战略、SIAM模型大纲及服务范围；
- 分析组织现状，包括技能、服务、服务提供商、工具和流程；
- 分析市场上潜在的服务提供商和服务集成商。

2.1.2　触发因素

有很多理由值得客户组织采用 SIAM 模式。在 1.5.2 "SIAM 的驱动力"中描述了驱动因素。

2.1.3　输入

本阶段的输入包括：

- 企业治理、公司治理和IT治理标准；
- 当前业务战略、采购战略和IT战略；
- 业务需求和约束；

- 当前组织结构、流程、产品和实践；
- 现有服务提供商的信息，包括已签署的合同和协议；
- 对市场力量和技术趋势的了解。

2.1.4　活动

本阶段的活动包括：

- 建立项目；
- 确定战略目标；
- 明确治理需求和顶级治理框架；
- 为定义角色与职责而确定原则与政策；
- 描绘现有服务和采购环境；
- 评估客户组织当前的成熟度与能力；
- 了解市场；
- 确定SIAM战略和SIAM模型大纲；
- 形成商业论证大纲。

2.1.4.1　活动：建立项目

应采用客户组织选定的项目管理方法正式建立SIAM转型项目。

包括：

- 设立项目管理办公室；
- 定义项目角色与职责；
- 建立项目治理机制；
- 商定项目风险管理方法。

客户组织还应确定是采用瀑布模式的项目交付方法，还是采用敏捷模式的项目交付方法。

2.1.4.2　活动：确定战略目标

战略目标是SIAM旨在支持的客户组织长期目标。

战略目标与SIAM的驱动因素、SIAM商业论证有关。在本活动中定义和商定的目标将是以下各项的基础：

- SIAM模型；
- SIAM治理框架；
- 采购方式；
- 角色与职责。

2.1.4.3　活动：明确治理需求和顶级治理框架

为了确保客户组织在SIAM生态系统中的意图得以执行、权力得以维系，SIAM要求确定一个特定的治理框架。

该框架应该根据特定的SIAM结构、SIAM模型和客户组织对风险的总体偏好进行定制。

在本阶段确定的是 SIAM 顶级治理框架，内容包括：

- 符合外部法律法规要求的特定公司治理要求；
- 客户组织运营和保留的控制事项；
- 治理委员会及其结构的定义；
- 客户组织和外部组织之间的职责划分；
- 风险管理方法；
- 绩效管理方法；
- 合同管理方法；
- 争议管理方法。

2.1.4.4 活动：为定义角色与职责而确定原则与政策

在本活动中，依据治理需求和战略目标，确定定义角色与职责的关键原则与政策。

需考虑以下内容：

- 如果一个组织跨多个SIAM层，需对责任进行划分；
- 确定委托授权的界限。

在规划与构建阶段，设计了更详细的流程模型和采购协议之后，才会进行具体而详细的角色与职责的定义或分配。

2.1.4.5 活动：描绘现有服务和采购环境

在设计 SIAM 模型之前，必须了解当前的环境，包括：

- 现有服务和服务层次结构；
- 现有服务提供商（内部和外部）；
- 合同；
- 服务提供商绩效；
- 服务提供商关系；
- 服务成本。

建立服务层次结构对未来理想状态的设计非常重要。服务层次结构有助于在整个生态系统中对基础业务功能、关键服务资产和依赖关系进行识别。

通过本活动提供对当前环境的清晰描述，有助于突出以下问题：

- 重复的服务产品；
- 与合同承诺的不一致；
- 未使用的运营服务；
- 不经济的服务；
- 需要缓解的服务风险。

服务提供商的信息可用来决定在当前状况下客户组织是否继续与他们合作，还是按照新的安排寻找新的提供商。

2.1.4.6　活动：评估客户组织当前的成熟度与能力

> 📖 **术语**
>
> 　能力："做事的才能或力量"[7]。
>
> 　成熟度与流程的规范化程度、优化程度有关，涉及从特定实践到正式定义的步骤，到管理结果的衡量，再到流程的主动优化。[8]
>
> 　需要对能力与成熟度进行评估，为制定 SIAM 战略提供参考。
>
> 　例如：客户组织目前可能在服务集成的流程、实践和工具方面的成熟度较低，但在这些方面具有较高的能力。这可能会影响他们首选的 SIAM 结构，会引导他们去选择内部来源服务集成商结构。

　　为了了解当前客户在组织、流程、实践及工具方面的能力与成熟度，应该进行基准测试。这将为路线图的下一阶段提供参考。

　　基准测试要求对早期决策进行审查，这也可以发现其中存在的问题。例如，没有足够的能力运转项目管理办公室，或者故障管理流程成熟度不足。

2.1.4.7　活动：了解市场

　　在本阶段，了解市场上存在哪些潜在的外部服务集成商和服务提供商，以及他们具备的能力情况，都是很重要的。这些信息为 SIAM 战略和 SIAM 模型提供参考。

　　本活动包括根据战略目标对可用的技术和服务进行审查。例如，向云服务迁移可以支持降低所有权成本的战略目标。

　　商品化云服务提供商不太可能加入 SIAM 模式中的委员会、流程论坛和工作组，这可能将服务集成商的工作量减少到一个水平。在此水平上，内部来源服务集成商可能比外部来源服务集成商能提供更好的价值。

2.1.4.8　活动：确定 SIAM 战略和 SIAM 模型大纲

本活动将利用本阶段前期活动的信息和输出来确定 SIAM 战略和 SIAM 模型大纲。

SIAM 战略包括：

- SIAM 愿景；
- 战略目标；
- 当前成熟度与能力；
- 现有服务和采购环境；
- 市场分析；
- 治理需求；
- 建议的 SIAM 结构，包括保留职能；
- 建议的采购方法；
- 建议的理由。

7　引自：《牛津英语词典》© 2016，牛津大学出版社

8　能力成熟度模型 (CMM)

SIAM 模型大纲包括：

- 原则与政策；
- 治理框架；
- 角色与职责概述；
- 流程模型概述、实践概述和机构小组概述；
- 服务概述；
- 即将退出的服务提供商。

所确定的 SIAM 战略和 SIAM 模型大纲都需要符合最初的业务需求和业务战略。

2.1.4.9　活动：形成商业论证大纲

本活动将利用本阶段前期活动的信息和输出形成 SIAM 商业论证大纲。包括：

- SIAM战略；
- SIAM模型大纲；
- 当前状态；
- SIAM带来的预期利益；
- 风险；
- SIAM转型成本概述；
- 顶层规划。

按照客户组织的治理安排批准商业论证大纲后，才能进入路线图的下一个阶段。

2.1.5　输出

探索与战略阶段的输出包括：

- 已立项的SIAM转型项目；
- 战略目标；
- 治理需求和顶级SIAM治理框架；
- 为定义角色与职责而确定的原则与政策；
- 现有服务和采购环境的描绘；
- 当前成熟度与能力水平；
- 对市场的认知；
- 获批准的SIAM商业论证大纲；
- SIAM战略；
- SIAM模型大纲。

2.2　规划与构建阶段

2.2.1　目标

以探索与战略阶段的输出作为输入，在规划与构建阶段完成 SIAM 设计，制订转型计划。

在本阶段完成所有计划和审批后，才能进入实施阶段。本阶段的主要目标是：

- 完成SIAM模型设计，包括服务范围；
- 全面审批通过SIAM模型；
- 确定服务集成商和服务提供商；
- 启动组织变革管理。

2.2.2 触发因素

当组织确认继续实施 SIAM 时，在探索与发现阶段完成后触发本阶段。

2.2.3 输入

本阶段的输入是在探索与战略阶段建立的商业论证大纲、顶级模型和框架，包括：

- 治理需求和顶级SIAM治理框架；
- 为定义角色与职责而确定的原则与政策；
- 现有服务和采购环境的描绘；
- 当前成熟度与能力水平；
- 对市场的认知；
- 获批准的SIAM商业论证大纲；
- SIAM战略；
- SIAM模型大纲。

在本阶段，上一阶段的输出得以进一步定义、完善和细化，一些客户组织可能会为此选择使用敏捷方法。

2.2.4 活动

本阶段的活动包括：

- 设计详细的SIAM模型；
- 审批完整的商业论证；
- 启动组织变革管理；
- 确定服务集成商；
- 确定服务提供商；
- 制订服务提供商和服务退出计划；
- 开展阶段审查和批准实施。

2.2.4.1 活动：设计详细的 SIAM 模型

SIAM 模型提供了在 SIAM 生态系统中所有各方如何应用 SIAM 的详细信息。它包含很多元素：

- 服务模型和采购方式；
- 选定的SIAM结构；
- 流程模型；

- 治理模型；
- 详细的角色与职责；
- 绩效管理与报告框架；
- 协作模式；
- 工具策略；
- 持续改进框架。

精心设计 SIAM 模型对活动的成功起着关键作用。设计活动不一定按顺序进行，但更有可能是一个迭代的过程。从初始定义开始，每完成一次迭代，就进一步细化内容。

在所有的设计活动中，必须有定期的审查和反馈，敏捷方法对此特别有用。还必须考虑不同设计活动之间的相互依赖关系。

根据自身需求，组织将确定 SIAM 模型的详细程度。这将取决于多个因素，包括：

- 战略目标；
- 市场条件；
- 服务及服务的复杂度；
- 服务提供商的数量；
- 风险偏好；
- 资源与流程的能力与成熟度；
- 可用的工具；
- 预算。

2.2.4.1.1 确定服务模型和采购方式

本活动确定 SIAM 模型中的服务范围、服务层次结构，以及如何对服务进行分组采购。建立服务模型是向 SIAM 有效转型的关键活动。

对每一项服务，都必须明确以下这些领域：

- 服务提供商；
- 服务消费者；
- 服务特征，包括服务级别；
- 服务边界；
- 与其他服务的依赖关系；
- 与其他服务的技术交互；
- 与其他服务的数据与信息交互；
- 服务结果、价值和目标。

服务应划分为组，并将特定的服务提供商分配到对应的组中。服务模型将展示所建议服务的层次结构，以及提供每种服务的服务提供商。这构成了 SIAM 总体模型的一部分。

模型还应包括服务与服务提供商之间预期的流程交互。运用 OBASHI[9] 这样的支持实践，可以在服务提供商之间映射数据流，从而对流程交互进行支持。

服务模型有助于发现遗漏事项、单点故障和重复事项。

目标应该是在获得同类最佳服务、服务和服务提供商数量、服务模型和服务层次结构的复

9　参见 OBASHI.co.uk

杂度之间取得平衡，还需要在服务复杂度和集成复杂度之间取得平衡。在进行服务设计时，应考虑将服务之间的交互降到最低程度，因为这些交互会增加复杂度、风险和成本。

在明确服务并把它们分配给服务提供商时应格外谨慎。因为随着服务及服务提供商数量的增加，他们之间的联系和交互也在增加，失败的可能性也在增加。

服务采购方式

形成分组采购服务的能力是 SIAM 的优势之一。与其只与一家服务提供商签订一份单一整体合同外包所有的服务，不如将全部服务划分为组，这样做会更加有效和更有价值。每组服务都可以在内部或外部单独被采购。

服务分组的常见例子有：

■ 主机托管；
■ 应用程序开发与支持；
■ 桌面支持/终端用户计算；
■ 网络；
■ 云服务；
■ 托管服务。

每组服务可以由一个或多个服务提供商来提供。例如，"主机托管"组的服务包括平台即服务（PaaS）和基础设施即服务（IaaS），这些服务可以从一个或多个提供商处采购。

设计服务分组时，应考虑尽量减少服务之间的技术依赖性。这种依赖性会因潜在故障点造成服务提供商之间的交互，也可能增加服务集成商的工作量。

在 SIAM 管理方法论中，不需要将逻辑上连接在一起的服务进行拆分。例如，如果将 SaaS 服务作为一组服务进行采购更符合逻辑，就不需要将其拆分成"主机托管"和"应用程序开发与支持"两组服务。

不必要的拆分可能会引发问题，例如争论由谁负责性能问题。对于托管服务、遗留服务、云服务和 DevOps 服务，应尤其注意避免这个问题。

在 SIAM 模型中，没有限制不同分组的数量。然而，随着服务分组数量的增加，集成的复杂度也会增加。

2.2.4.1.2　选定 SIAM 结构

所选的 SIAM 结构决定了针对服务集成商的采购方式。这是一个至关重要的决策，必须谨慎对待，因为在此之后，对结构做出的任何改变都会导致返工和产生成本。

到目前为止收集到的所有信息都将被用于确定首选的 SIAM 结构。如果与探索与战略阶段的建议有所不同，则可能有必要重复上个阶段的部分工作。

关于每种 SIAM 结构优势和劣势的更多信息，请参见第 3 章"SIAM 结构"。

2.2.4.1.3　设计流程模型

在 SIAM 模型中，大多数流程的执行都会涉及多个服务提供商。每个服务提供商可能会以不同的方式来执行个别的步骤，这些步骤又是整个流程模型的一部分。

因此，流程模型是非常重要的 SIAM 工作产出物。然而，各个流程和工作指令可能仍保留在各个服务提供商的管理域中。

在流程模型中，对每个流程应该描述：

■ 目的和结果；

■ 高级活动；

■ 输入、输出、与其他流程的交互和依赖关系；

■ 输入、输出、不同相关方之间的交互（例如服务提供商与服务集成商之间的交互）；

■ 控制；

■ 评价；

■ 支持策略和模板。

泳道模型、RACI 矩阵、流程映射等常用技术有助于建立流程模型和描述其中的信息传递。

在本阶段以及运行与改进阶段，随着活动的进一步开展，流程模型将得以持续发展和完善。这包括从选定的服务提供商和服务集成商处获取输入。

📖 **方法**

增加颗粒度

在对 SIAM 结构、服务和服务分组、角色与职责、治理模型、流程模型、绩效管理与报告框架、协作模式、工具战略和持续改进框架进行迭代设计和开发过程中，SIAM 模型得以细化。

这种详细的工作和迭代方法，对于确保 SIAM 模型在实施后就能正常工作以及确保 SIAM 模型和 SIAM 战略与客户组织的需求保持一致至关重要。

2.2.4.1.4　设计治理模型

应该使用治理框架、角色与职责来设计治理模型。对于每个治理主体，治理模型应包括：

■ 范围；

■ 问责机制；

■ 职责；

■ 会议形式；

■ 会议频率；

■ 输入；

■ 输出（包括报告）；

■ 层次结构；

■ 职权范围；

■ 相关策略。

治理框架也应保持更新并增加更多细节。这是一个迭代活动，应在本阶段结束之前完成。

2.2.4.1.5　设计角色与职责

应基于 SIAM 模型大纲、流程模型大纲、SIAM 结构和治理框架来设计角色与职责。

应包括细节的设计，以及把角色与职责分配给：

■ 流程模型；

- 实践；
- 治理委员会；
- 流程论坛；
- 工作组；
- 任何保留职能的组织结构和定位。

这项工作可能会强调对早期设计和决策进行审查的必要性。

在本阶段必须确认角色与职责的细节，然后才能确定服务集成商和服务提供商。角色与职责将在运行与改进阶段得到进一步完善。

2.2.4.1.6 设计绩效管理与报告框架

SIAM 绩效管理与报告框架对一系列事项进行评价和报告，包括：

- 关键绩效指标；
- 流程和流程模型绩效；
- 服务级别目标的达成情况；
- 系统和服务绩效；
- 遵守合约及履行合同外职责情况；
- 协作；
- 客户满意度。

应对每个服务提供商及其提供的服务进行评价，还应对整个 SIAM 生态系统中的端到端服务进行评价。

为 SIAM 生态系统设计一个适当的绩效管理与报告框架可能具有挑战性。通常评价每一个服务提供商的绩效比较简单。挑战在于结合用户体验对端到端绩效进行评价，尤其是在每个提供商评价与报告方式的一致性有限的情况下。

框架还应该包括以下标准：

- 数据分类标准；
- 报告格式与频率标准。

2.2.4.1.7 设计协作模式

只有当服务提供商、服务集成商和客户能够相互沟通和协作时，SIAM 才是有效的。

在第 7 章"SIAM 文化因素"中提供了一些示例，说明如何在 SIAM 生态系统中鼓励协作。

2.2.4.1.8 设计工具策略

在 SIAM 生态系统中，工具策略的一致性和全面性非常重要。工具策略受以下因素影响：

- 选定的SIAM结构；
- SIAM模型；
- 客户现有工具系统；
- 服务提供商和服务集成商的工具系统；
- 服务提供商类型；
- 预算。

工具策略应该侧重于支撑数据与信息流，并支撑流程在以下方面的高效集成：

- 在服务提供商之间；
- 在服务提供商与服务集成商之间；
- 在服务集成商与客户之间。

这比仅仅关注技术更加重要。

很多组织在 SIAM 中使用多个工具系统，为以下事项选择一系列"同类最佳"的工具系统：

- 服务管理流程支持；
- 数据分析；
- 报告与展示；
- 事态监测；
- 审计日志。

工具系统的使用，主要有四种情况：

- 由客户授权，所有各方都使用同一个工具系统；
- 服务提供商使用自己的工具系统，并与服务集成商的工具系统进行集成；
- 服务提供商使用自己的工具系统，并由服务集成商对工具系统进行集成；
- 通过使用一个集成服务来整合服务提供商和服务集成商的工具系统。

工具策略应包括：

- 企业架构；
- 功能和非功能需求；
- （技术与逻辑）集成需求；
- 针对每一个SIAM层的数据映射；
- 数据所有权；
- 访问控制；
- 评价与报告。

2.2.4.1.9　设计持续改进框架

SIAM 模型中的所有各方需共同开发和维护改进框架，确保持续改进在整个 SIAM 生态系统中得到足够重视。

应该建立激励机制，鼓励服务提供商提出改进和创新建议。

2.2.4.2　活动：审批完整的商业论证

进行到此时，商业论证的设计应该是足够详细和完整的，能够以此来确定向 SIAM 转型的全部成本和预期收益。

应该审查和更新商业论证大纲，补充详细的信息，以创建完整的商业论证。

然后，根据组织的公司治理和审批流程批准商业论证。获批表示允许启动采购活动，可以去采购外部服务提供商、服务集成商的服务，也可以去采购工具。

2.2.4.3　活动：启动组织变革管理

向 SIAM 转型是一项重大的业务变革，影响客户组织、服务集成商和服务提供商的各个层面。

组织变革管理对于转型成功至关重要。

在任何组织变革的过程中，保护现有服务并尽量减少对现有组织的影响是很重要的。

2.2.4.4 活动：确定服务集成商

理想情况下，应该首先确定服务集成商，并在服务集成商就绪之后，再敲定 SIAM 模型和选择服务提供商。

如果能够做到这一点，服务集成商就可以参与到规划与构建阶段的活动中。这种方法的优势是：

- 服务集成商参与对服务提供商的设计和选择，因此可以利用其经验协助这些活动。
- 通过参与选择和确定服务提供商，服务集成商可以充分了解对服务提供商的要求。

选择外部服务集成商并签订合同协议可能需要一段时间。一种情况是，客户可能会同时确定服务集成商和服务提供商；另一种情况是，在选定服务集成商之前可能已经确定了服务提供商，或者是服务提供商根据遗留合同而得以延用。

2.2.4.5 活动：确定服务提供商

只有在完整定义了 SIAM 模型、将需求全面整理成文档之后，才能选择服务提供商。

SIAM 生态系统中所涉及的合同需支持 SIAM 总体战略。重要的是应确保其中包含适当的目标、风险和奖励模式，这一点很重要。任何合同或内部协议都应包含详细的要求。

📖 **案例**

云服务

如果选择了云服务，考虑到这些服务商品化的特点，常常需要调整需求。

例如，云商品化服务提供商不太可能加入委员会、流程论坛或工作组，也不会改变自身流程，不会将自身的工具系统与其他组织的工具系统进行集成。

客户的特定需求与市场上提供的服务之间如何保持平衡，这是面临的挑战。强求服务提供商定制其交付模型，可能会导致成本和风险的增加。

确定外部服务提供商可能需要一段时间，这需要列入计划或时间表。

确认服务提供商能够满足 SIAM 模型的全部要求，这点很重要，对于战略服务提供商尤其如此。如果存在问题或差距，可能需要返回到较早的生命周期阶段，重启相关活动。

还应记住的是，除了在此时确定服务提供商之外，还可以在整个 SIAM 路线图中增减服务提供商。在遗留合同到期之后，某些服务提供商可能才会被确定。

2.2.4.6 活动：制订服务提供商和服务退出计划

要考虑服务退出计划，解决服务退出问题，解决服务转移给新服务提供商的问题。

必须仔细考虑与服务提供商的关系、服务依存关系、合同结束日期以及特定服务或服务提供商退出的潜在影响。

应该为任何服务的退出、废止和转移制订详细计划。计划中要包含合同限制、法律要求、服务终止的提前期等内容。

还必须详细说明如何从退出的服务提供商处转移数据、信息与知识，包括：

- 需要转移什么；
- 将要转移给谁；
- 什么时候需要转移；
- 如何评估转移是否成功。

2.2.4.7 活动：开展阶段审查和批准实施

应对照上一阶段的决策审查本阶段的输出，以确定是否存在问题，是否需要进行必要的变更。如果获得批准，路线图将会推进到实施阶段。

2.2.5 输出

规划与构建阶段的输出包括以下内容。

- SIAM模型的完整设计，包括：
  - 服务、服务分组和服务提供商（"服务模型"），
  - 选定的SIAM结构，
  - 流程模型，
  - 实践，
  - 机构小组，
  - 角色与职责，
  - 治理模型，
  - 绩效管理与报告框架，
  - 协作模式，
  - 工具策略，
  - 持续改进框架；
- 批准的商业论证；
- 组织变革管理活动；
- 确定的服务集成商；
- 确定的服务提供商；
- 服务提供商和服务退出计划。

在本阶段可能经历多次迭代之后才能完成输出，进入路线图的下一阶段。规划与构建阶段的输出结果必须足够详细，才能支撑实施阶段的活动。

2.3 实施阶段

2.3.1 目标

组织向 SIAM 转型的过程，就是组织从当前的状态转变到采用新 SIAM 模型的未来理想状态的过程。本阶段的目标就是对这一转型过程进行管理。当本阶段结束时，新的 SIAM 模型已就绪并将投入使用。

2.3.2　触发因素

当组织完成探索与战略阶段和规划与构建阶段的所有活动时，将触发本阶段。

实施阶段的开始时间可能会受到现有环境中事件的影响。例如，可以由以下事件触发：

- 现有服务提供商合同终止；
- 现有服务提供商停止交易；
- 因企业重组或收购引起组织结构改变。

客户组织可能难于控制这些事件发生的时间，因此要尽可能完成前两个阶段的活动，以便能够对此做出应对。如果由于时间不够充分而没有彻底完成前两个阶段的活动，风险级别将会增加。

2.3.3　输入

实施阶段的输入来自探索与战略阶段和规划与构建阶段的所有输出。

2.3.4　活动

本阶段活动的重点是转换到新的 SIAM 模型，包括：

- 选择实施方法；
- 转换到已获准的SIAM模型；
- 持续进行组织变革管理。

2.3.4.1　活动：选择实施方法

有两种可能的实施方法：

- "大爆炸"；
- 分次。

2.3.4.1.1　"大爆炸"实施方法

"大爆炸"实施方法指的是一次性引入一切的方法，包括引入服务集成商，引入服务提供商并签署新的合同，引入新的工作方式。

这种方法可能会带来较高的风险，因为它同时影响整个组织。如果没有对风险进行精心规划和管理，那么就会对客户的业务和所提供的服务产生非常大的影响。

大多数采用 SIAM 的组织会把现有的提供商、合同和关系引入新的环境。这可能意味着"大爆炸"是不可能的，因为不同的合同会在不同的时间到期。"大爆炸"实施方法确实可以同时对所有遗留问题和行为进行"彻底清除"，避免了分次实施方法管理的复杂性。

2.3.4.1.2　分次实施方法

分次实施方法可以在更小、更容易管理的转型项目和迭代中，实施向新的 SIAM 模型的转换。这可以通过以下几种方式实现，包括：

- 每次一个服务；
- 每次一个服务提供商；
- 每次一个实践；
- 每次一个流程。

在 SIAM 实施过程中，使用分次方法能够降低与转型有关的风险级别，但是在管理方面可能更复杂，可能会延长实施的总体时间。特别需要注意的是，要对每一次转换的影响进行定义和分析，还要确保现有服务的交付连续不中断。

2.3.4.2 活动：转换到已获准的 SIAM 模型

转换活动取决于所选择的是分次实施方法还是"大爆炸"实施方法。活动包括以下内容：

■ 建立流程和配套的基础设施；

■ 启动向新的服务提供商和服务的转换活动；

■ 撤除不属于SIAM模型的服务提供商；

■ 验证转换步骤是否执行成功；

■ 针对所有各方，建立一致的工具系统和流程。

这不是一件小事。服务提供商的数量、服务、流程和工具系统都会影响转换的复杂性。这涉及向完整 SIAM 模型的转变，包括使用、建立、实施全新的：

■ 服务提供商；

■ 服务；

■ 服务集成商；

■ 流程模型；

■ 角色与职责；

■ 工具；

■ 实践；

■ 机构小组；

■ 合同与协议；

■ 治理框架；

■ 绩效管理与报告框架。

应该采用一种稳健的方法来进行这种转换，包括：

■ 测试（含功能性和非功能性）；

■ 数据迁移；

■ 服务说明；

■ 部署测试；

■ 服务验收；

■ 转换后支持。

通常要求所涉及的资源必须专门致力于转换活动。

作为实施阶段工作的一部分，在规划与构建阶段选择的服务提供商需要纳入 SIAM 生态系统中。

现有的服务提供商将在 SIAM 生态系统中扮演新的角色，他们需要充分理解自己的新角色、关系和接口。新的服务提供商将以可管理的方式纳入生态系统中。

本活动应该由服务集成商代表客户进行管理。至关重要的是，必须就清晰的所有权、角色与职责、报告渠道、升级路径和任务授权达成一致，以确保能够进行有效且高效的决策。

2.3.4.3 活动：持续进行组织变革管理

组织变革管理始于路线图的规划与构建阶段，继续贯穿于本阶段和下一阶段。

在实施阶段的具体活动包括：

- 在整个组织中开展强化意识的宣传活动；
- 与利益相关者沟通，以做好变革的准备；
- 确保完成了适当的培训；
- 继续部署组织变革计划；
- 评价组织变革活动和沟通的有效性。

在本阶段，注重保护现有服务和减小对组织的影响非常重要。

2.3.5 输出

实施阶段的输出指的是，新的 SIAM 模型已经就绪并处于可运行的状态，也得到了适当的合同和协议条款的支持。

2.4 运行与改进阶段

2.4.1 目标

运行与改进阶段的目标包括：

- 管理SIAM模型；
- 管理日常服务交付；
- 管理流程、团队和工具；
- 管理持续改进活动。

2.4.2 触发因素

在实施阶段完成后触发本阶段。如果选择的是分次实施方法，那么在运行与改进阶段将以增量方式接手交付的元素，一次实施，或者一个服务，或者一个流程，或者一个服务提供商在实施完成后就退出了实施阶段。

2.4.3 输入

本阶段的输入包括：

- SIAM模型；
- 流程模型；
- 绩效管理与报告框架；
- 提供商协作模式；
- 工具策略；
- 持续改进框架。

这些输入设计于探索与战略阶段和规划与构建阶段，在实施阶段实现了转换。

2.4.4　活动

本阶段的活动侧重于为业务提供一致的、有保证的、可管理的、可衡量的、可改进的服务结果，包括：

- 治理机构小组运营；
- 绩效管理与改进；
- 管理机构小组运营；
- 审计与合规；
- 奖励；
- 持续变革管理。

📖 **观点**

在运行与改进阶段，新的运营模式不应再被视为"新的"，而只代表一种完成状态。

2.4.4.1　活动：治理机构小组运营

治理委员会在控制整个 SIAM 生态系统方面发挥着重要作用。

顶级治理框架于规划与构建阶段建立，于实施阶段在实际环境中得以应用。在运行与改进阶段，治理委员会成员有自己的新角色。

关于 SIAM 治理委员会的更多信息，请参见第 5 章"SIAM 中的角色与职责"和第 1 章"SIAM 概论"。

2.4.4.2　活动：绩效管理与改进

所有服务和流程的绩效应该根据关键绩效指标进行评价与监测，并酌情根据服务级别目标进行评价与监测。评价应该包含定性和定量两方面内容。

通过评价，为阅读者提供有意义且易于理解的报告。报告应突出绩效问题，提供趋势分析，对可能的故障给出早期预警。

应根据相关报告中的信息和审查意见采取行动，日常服务改进活动应包括对此行动的审查和管理。

在 SIAM 中，报告还须包含用户如何看待服务的反馈，可称为定性报告。更多信息请参见第 6 章"SIAM 实践"。

报告可以用来发现改进和创新的机会。

2.4.4.3　活动：管理机构小组运营

流程论坛和工作组这两个机构小组将服务集成商、服务提供商和客户连接起来。

它们提供了一个协作环境，可以对某个或某些特定流程的运营、流程输出、问题或项目进行协同。

在路线图的这个阶段，流程论坛和工作组应该积极工作。在实施阶段的早期，尽管会议的频率和形式各不相同，流程论坛和工作组成员之间定期接触仍是一个好办法，因为这在创造必要的协作方面起着重要作用。

关于流程论坛和工作组的更多信息，请参见第 5 章 "SIAM 中的角色与职责"、第 7 章 "SIAM 文化因素" 和第 1 章 "SIAM 概论"。

2.4.4.4 活动：审计与合规

除了审查在 SIAM 环境中生成的报告外，还应将更正式的审计提上日程。

审计包括流程审计、服务审计、服务提供商审计，以及最适合每个组织和 SIAM 生态系统的其他审计。

某些审计将依据法规、立法要求或公司治理要求强制执行。

这些审计可由外部组织执行。通过审计，可以确保对客户组织的法规和制度的持续遵守，可以提供有价值的信息，说明模型中的元素是否合规运转，并有助于打造善于改进的文化。

2.4.4.5 活动：奖励

SIAM 生态系统给组织带来了挑战，所有利益相关者都以新的方式行事，必须鼓励服务提供商进行协作，而不是保护他们自己的利益。奖励机制可以用来鼓励协作与沟通。

建立奖励系统的良好做法包括：

- 对于特定的行动，经常使用小奖励；
- 在不经意的时候进行奖励；
- 奖励行为，而不只是结果；
- 奖励所有利益相关者，而不只是 SIAM 模型中的某一层；
- 公开奖励。

📑 **案例**

一个客户组织设立了 CIO 协作奖。

针对服务提供商，每季度评奖一次，奖励他们优秀的行为，包括配合、乐于助人以及易于与他人一起工作。由所有相关方进行公开打分。

至关重要的是，鼓励服务提供商相互提名，鼓励他们意识到服务提供商层中的良好行为。

2.4.4.6 活动：持续变革管理

进入运行与改进阶段后，随着采购场景和业务需求的变化和发展，SIAM 模型也将发生变化和演进。

如果客户需求增长或缩减，服务规模会发生变化，服务提供商的数量也会发生增减，可能会造成 SIAM 结构的改变。这就是持续变革管理。

如果需要重大更改，则可能要返回路线图的早期阶段，例如再次回到探索与战略阶段。

2.4.5 输出

运行与改进阶段的输出分为两类：

- 运行输出，报告、服务数据和流程数据等业务常态输出；
- 改进输出，用于发展和持续改进 SIAM 模型的信息。

3 SIAM 结构

SIAM 生态系统有四种常见的结构，每种结构的差异在于服务集成商层的来源方式和配置方式。

这些结构是：

- 外部来源结构；
- 内部来源结构；
- 混合来源结构；
- 首要供应商结构。

客户组织基于以下因素选择结构：

- 业务需求；
- 内部能力（包括成熟度、资源和技能）；
- 客户服务的复杂度；
- 客户的组织结构和规模；
- 立法与监管环境；
- 客户预算；
- 在IT与服务集成方面，组织当前的成熟度与能力；
- 对外包的偏好/对无法直接控制的接受程度；
- 时间周期要求；
- 对风险的偏好；
- 所要管理的服务提供商的类型和数量。

3.1 外部来源服务集成商结构

在这种结构中，客户委托一个外部组织承担服务集成商的角色，提供服务集成能力。

服务提供商可以是外部服务提供商，可以是内部服务提供商，也可以二者都包括。

外部来源服务集成商仅仅专注于服务集成活动，不承担任何服务提供商的角色，如图 9 所示。

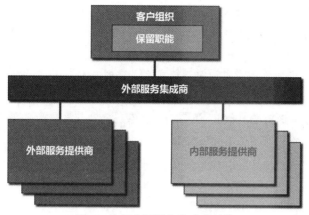

图 9　外部来源服务集成商结构

3.1.1　客户何时采用外部来源服务集成商结构？

当客户组织不具备内部服务集成能力，并且不打算发展这种能力时，适合采用这种结构。

如果客户组织没有可用资源去承担服务集成商的角色，并且不希望增加人员编制，或者不愿意承担选择和维护服务集成资源的管理职责，通常也会采用这种结构。

如果客户准备让另一个组织承担服务集成商的角色，并准备与外部服务集成商建立高度信任关系，适合采用这种结构。

这种结构依赖于客户对服务集成商的授权。客户需要赋予服务集成商日常协调的职责、对服务提供商控制的职责、实施和协调流程的职责以及管理端到端报告的职责。

要在这种结构下获得成功，客户的保留职能需要具备对外部服务集成商进行治理的强大能力。以此能力确定外部服务集成商的目标和任务，并将它们清晰地传达给所有利益相关者。

客户必须允许服务集成商代表自己行使权力。客户不应该绕过服务集成商而直接与服务提供商建立运营关系。

📖 **总结**

外部来源结构适用于：
- 准备让另一个组织承担服务集成商角色的客户；
- 准备与外部服务集成商建立高度信任关系的客户；
- 不具备服务集成能力，并且不打算发展这种能力的客户；
- 没有服务集成资源，并且不愿增加或管理服务集成资源的客户。

3.1.2　优势

外部来源服务集成商结构的优势包括：
- 客户有机会对多个服务集成商进行审查，可以从这些服务集成商的历史客户处获得评价，从而选择一个经验丰富的服务集成商。
- 尽管选择外部服务集成商需要更多的时间考虑，但是服务集成商的专业性可以减少实施SIAM路线图的时间，因此具有更快实现收益的潜力。
- 服务集成商可以利用自身经验，以有效和高效的方式管理SIAM生态系统，从而具有增值潜力。
- 关注点分离：服务集成商可以专注于服务、流程、指标和报告的端到端治理和协调，客户组织可以专注于业务结果和战略目标。
- 可以使用已建立的SIAM模型、流程和工具系统，工具系统由服务集成商提供。
- 有机会从服务集成商实施其他SIAM的经验中获得创新实践的思路。

3.1.3 劣势

外部来源服务集成商结构的劣势包括：
- 对外部服务集成商的高度依赖，增加了在商业、连续性和安全方面的一定程度的风险。
- 有可能较多地增加了采购和管理外部组织的成本。
- 内部服务提供商隶属于客户组织，却由外部组织来管理，这可能会引发内部服务提供商的不满。
- SIAM生态系统中的外部服务提供商也可能存在不满情绪，特别是当服务提供商和服务集成商在其他市场竞争的情况下，这可能会导致关系问题和绩效不佳。
- 外部服务集成商提供的模型和实践可能不是最适合客户组织的。
- 如果要更改外部服务集成商的工作方式，可能比较困难，因为这可能需要进行合同变更。这意味着客户的敏捷性将降低，并可能导致更高的成本。
- 存在一种风险，因为自身并不完全了解SIAM，所以客户决定委托一个外部服务集成商。因为客户没有明确定义自己的目标，所以这可能会增加交付的总体成本，降低服务质量。
- 外部服务集成商必须与客户组织和服务提供商建立关系。通常在最初的投资分析中不会考虑到这一点，那么就需要为此付出时间和精力。
- 服务集成商与服务提供商之间没有合同关系。因此，如果没有客户的授权，他们的合作可能是低效的。

3.2 内部来源服务集成商结构

在这种 SIAM 结构中，客户组织承担服务集成商的角色，提供服务集成能力。服务集成商角色和客户角色仍然需要分别定义和管理。

如果客户角色和服务集成商角色变得不可分割和模糊不清，服务提供商与客户的交互就类似于传统的外包生态系统的方式。转换到 SIAM 模式的收益将无法实现。

服务提供商可以是外部服务提供商，可以是内部服务提供商，也可以二者都包括。

内部来源服务集成商仅仅专注于服务集成活动。

内部来源服务集成商结构如图 10 所示。

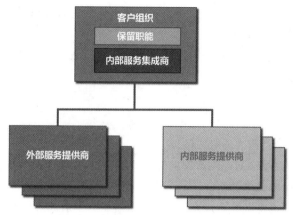

图 10 内部来源服务集成商结构

3.2.1 客户何时采用内部来源服务集成商结构?

当客户组织已经具备内部服务集成能力，或者计划发展这种能力时，适合采用这种结构。

通常，如果客户希望保持对 SIAM 生态系统的控制，保持 SIAM 系统的灵活性，或者没有时间去考虑选择和建立外部服务集成商，那么适合采用这种结构。当客户组织依据业务、监管和立法要求，需要保留服务集成商层的所有权时，也适合采用这种结构。

在这种结构中，客户可以使用扩展资源，这是一种方法。服务集成商中的大部分个人角色是由直接雇用的内部员工来承担的，再辅以外部组织提供的资源。即使部分人员可能不直接受雇于客户，但由于客户拥有全面的所有权和控制权，因此仍然符合内部来源服务集成商的标准。

📋 **总结**

内部来源结构适用于：
- 具备内部服务集成能力，或者计划发展这种能力的客户；
- 依据业务、监管和立法要求，需要对服务提供商进行治理和管理的客户；
- 希望在SIAM生态系统中保持控制力和灵活性的客户；
- 时间上不允许选择外部服务集成商的客户。

3.2.2 优势

内部来源服务集成商结构的优势包括：
- 客户完全控制服务集成商角色，不会依赖于外部公司，因此不存在与外部公司有关的风险和成本。
- 有价值的技能保留在内部，不存在关键资源或关键知识的损失。
- 服务集成商与客户组织战略目标一致，因此没有冲突。
- 服务集成商可以灵活变化，几乎不会发生任何需要修改合同的情况。
- 外部服务提供商不会将服务集成商视为竞争对手，因此双方更有可能协作与配合。

■ 可以更快地组建服务集成商，因为他对客户组织的愿景和驱动因素已经了解，并且无须花费时间选择和组建外部服务集成商。

■ 所在组织与服务提供商具有合同关系，因此服务集成商对服务提供商及其行为和绩效表现有直接的影响力。

3.2.3　劣势

内部来源服务集成商结构的劣势包括：

■ 客户可能并不具备SIAM实施经验，因此必须发展和维护服务集成商的能力、资源和技能，必须设计并实施工具系统。

■ 客户可能会低估具备服务集成商能力所需的资源数量和专业技术含量。

■ 服务集成商被看作等同于客户组织。如果客户和服务提供商之间存在冲突，服务集成商在进行调解时更具挑战性。

■ 有一个风险，客户之所以决定担当服务集成商角色，是因为他们并未下决心完全实施SIAM，也不希望正式建立和外包SIAM结构。如果不是全面采用SIAM，收益将是有限的，并且存在继续沿用旧的工作方式的风险。

■ 内部服务提供商可能并不认可内部服务集成商的权威。

3.3　混合来源服务集成商结构

在这种结构中，客户与外部组织协作，共同承担服务集成商的角色，提供服务集成能力。服务提供商可以是外部服务提供商，可以是内部服务提供商，也可以二者都包括。

混合来源服务集成商仅仅专注于服务集成活动，不承担任何服务提供商的角色。

混合来源服务集成商结构如图11所示。

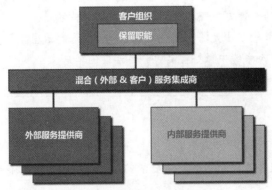

图 11　混合来源服务集成商结构

3.3.1　客户何时采用混合来源服务集成商结构？

如果客户组织希望保留参与服务集成商角色的职能，但又没有足够的内部能力或资源，适合采用这种结构。

在这种混合结构中，外部服务集成商作为客户组织的合作伙伴，通过双方的合作建立服务集成能力。外部服务集成商已具备服务集成角色的专长，因此客户组织可以从中获取经验。

这种结构可能是临时性的，也可能是持久性的。如果是临时性的，当发生以下情况之一时，混合方式将会终止：

- 客户已在内部充分发展了服务集成技能和资源，并已转换到内部来源结构；
- 客户组织已决定不再需要混合结构，并已转换到外部服务集成商或首要供应商结构。

在这种结构中，通常将特定的服务集成角色、功能和结构，要么分配给客户，要么分配给服务集成合作伙伴。这是它与内部来源结构的资源扩展方法之间的区别。

> **总结**
>
> 混合来源结构适用于：
> - 希望承担服务集成商角色但又没有足够能力和资源的客户；
> - 希望向外部服务集成商学习经验的客户；
> - 希望在混合来源服务集成商角色的临时性和持久性方面灵活切换的客户。

3.3.2 优势
混合来源服务集成商结构的优势包括：

- 如果服务集成合作伙伴未能达到最初的预期，但是客户发展了技能和资源，就可以回到内部来源解决方案。
- 因为服务集成商带来了专业知识并与客户合作，减少了转换到SIAM模式的时间，因此可以更快地实现SIAM的收益。
- 客户有机会获取商业技能和知识。服务集成商能够帮助客户与服务提供商进行协商，避免常见的错误。

3.3.3 劣势
混合来源服务集成商结构的劣势包括：

- 客户必须发展服务集成能力，招募和管理资源。
- 如果没有清晰的设计，这种结构可能会导致技能重复、活动遗漏、职责不清、操作界限定义不清。
- 如果没有明确的治理框架和沟通计划，这种结构可能会令服务提供商困惑。
- 如果混合结构是临时的，客户可能会不经意地建立对服务集成伙伴的长期依赖关系。
- 组织采用混合结构，可能是因为他们不愿意放弃控制，而不是出于合理的商业理由。这可能会导致SIAM的收益无法实现。

3.4 首要供应商作为服务集成商结构

在这种结构中，服务集成商的角色由外部组织承担，该组织同时也是服务提供商。这可能在下述情况下发生：

- 通过采购流程，现有服务提供商成功竞标成为服务集成商。
- 通过采购流程，现有服务集成商成功竞标成为服务提供商。
- 一个外部组织赢得投标的两个部分，既成为服务集成商，又成为服务提供商。

既是服务提供商又是服务集成商的组织被称为首要供应商。

这种结构有时被称为"监护者"或"托管者"。着重强调的是，这种结构中的合同关系仍然存在于客户组织和服务提供商之间。服务集成商与服务提供商之间没有合同关系。

总承包商

首要供应商结构与"总包"或"总承包商"的模式不同。在"总包"模式中，服务提供商通过将合同分包给其他服务提供商来交付服务，而客户只与总承包商有合同关系。

在四种 SIAM 结构中，其中的任何一个服务提供商都可以是总承包商，可以将所交付的服务分包给一个或多个提供商。然而，在 SIAM 生态系统中这些分包合同是不可见的。SIAM 生态系统中的关系介于服务提供商、服务集成商和客户之间。如果某个服务提供商能够按照商定的水平交付服务，那么他的分包合同与 SIAM 无关。

首要供应商结构如图 12 所示。

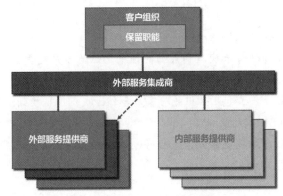

图 12　首要供应商作为服务集成商结构

3.4.1　客户何时采用首要供应商结构？

客户选择这种结构的原因与选择外部来源服务集成商的理由相同，即客户不具备也不希望发展和维护自己的服务集成能力和资源。

在这种结构中，一种情形是，当客户通过招标选择服务集成商时，现有服务提供商之一可能已经对客户组织有了深入的了解。基于客户的熟悉和信任，服务提供商也可能成为服务集成商。另一种情形是，现有服务集成商也可能因为具有交付一个或多个服务（或服务元素）的专业能力而被选中。

如果同一个组织同时承担了服务集成商和服务提供商角色，那么必须解决以下管理问题：

- 确保服务集成商或服务提供商不存在不公平的优势；
- 维护服务集成商角色的公正性；
- 确保客户不会因相同的功能而被两次收费。

这就要求在首要供应商中进行明确的职责划分。

应该把服务集成商和服务提供商角色作为两个独立的实体来看待和管理,就好像他们是独立的组织一样。他们中的每一方都有自己的合同或协议、角色、职责和报告要求。

理想情况下,在服务集成商和服务提供商实体中将使用不同的工作资源,以减少发生任何利益冲突的可能性。

📋 **总结**

首要供应商结构适用于:

- 所信任的服务提供商具有服务集成能力的客户;
- 所信任的服务集成商具有服务提供能力的客户;
- 准备让另一个组织承担服务集成商角色的客户;
- 不具有也不计划发展服务集成能力和资源的客户。

3.4.2　优势

首要供应商作为服务集成商结构的优势,与外部来源服务集成商结构的优势几乎相同。

此外,还有一些其他优势:

- 服务集成商同时作为服务提供商,鉴于与客户的现有关系,可以更快启动流程。
- 从客户的角度来看,服务集成商拥有既得利益。如果交付服务失败,他将受到服务提供商级别的惩罚,因此他有更多的动力来交付商定的目标。

3.4.3　劣势

首要供应商作为服务集成商结构的劣势,与外部来源服务集成商结构的劣势几乎相同。

此外,还有一些其他劣势:

- 组织同时承担了服务集成商和服务提供商的角色,但可能缺乏有效的内部治理,导致两个角色之间知识"泄漏"。如果这被视为不公平的优势,那么在服务集成商和其他服务提供商之间会产生关系问题。
- 组织同时承担了服务集成商和服务提供商角色,可能被认为存在偏见,即使情况并非如此,也可能导致服务集成商与服务提供商关系紧张。
- 组织同时承担了服务集成商和服务提供商的角色,可能存在为同一资源收取客户两次费用的情况,例如,在服务提供商和服务集成商角色之间共享的管理资源,或服务台资源。
- 为防止对存有偏见的任何指控,组织的服务集成商角色可能会不公正地对待组织的服务提供商角色,这也会产生关系问题和服务管理问题。

4 SIAM 与其他实践

本章结合管理框架、方法和标准，对其他实践及其与 SIAM 生态系统的关系进行探讨。
这些实践包括：

- 服务管理（包括ITIL、VeriSM和ISO标准）；
- COBIT；
- 精益；
- DevOps；
- 敏捷，包括敏捷服务管理。

对每个实践将进行简单介绍，并举例说明它们与 SIAM 生态系统的相关性。
实际上不限于此，还有其他一些可以补充和支持 SIAM 生态系统实施、运营和改进的实践，
包括：

- ADKAR，针对组织变革；
- BiSL，针对业务信息管理；
- TOGAF，IT4IT和其他架构实践；
- CMMI，针对服务，针对流程评估；
- OBASHI，针对数据与信息的映射关系、依赖关系和流动关系；
- 项目管理方法论。

4.1 服务管理

服务管理定义了为满足业务需求，对实施和管理高质量的 IT 服务进行支撑的能力。
服务提供商通过人员、流程和信息技术的适当组合来实施服务管理。
与 SIAM 密切相关的有两种服务管理实践和一种服务管理标准：

- ITIL；
- VeriSM；
- ISO标准。

4.1.1 什么是ITIL?

ITIL 是全球公认的 IT 服务管理方法。ITIL 可以帮助个人和组织利用信息技术实现业务变

革、转型和发展。

ITIL 倡导 IT 服务与业务需求保持一致，支持核心业务流程。如何从 IT 和数字化服务中获得最佳价值，ITIL 为组织和个人提供了指导。

ITIL 4 的关键要素包括：

- 四个维度；
- 服务价值体系（SVS），包括服务价值链、实践和指导原则。

4.1.1.1　SIAM 生态系统中的 ITIL

大多数情况下，向 SIAM 转型会发生在已经采用了一些基于 ITIL 的 IT 服务管理流程或元素的环境中。

SIAM 不会取代 ITIL，它建立在服务管理元素的基础之上，并将这些元素扩展到与 SIAM 模型有关的整个生态系统之中。这可能包括服务管理流程或 ITIL 中的概念，例如服务价值体系、维度、实践和技术。SIAM 对此做出调整，以便能够在多服务提供商的环境中有效地工作。

虽然 ITIL 包括在多服务提供商生态系统中的一些通用运营指南，但它仍然是面向所有生态系统设计的。SIAM 特别而独一无二地针对多提供商生态系统，在结构、组织和职能等方面提供了深入的指导。

4.1.1.2　服务价值链

ITIL 服务价值体系提供了一种通过服务关系共同创造价值的整体方法。服务价值体系的核心是服务价值链（SVC），这是一种灵活的运营模式，用于服务的创建、交付和持续改进。服务价值链定义了六项关键活动：

- 规划；
- 改进；
- 互动；
- 设计与转换；
- 获取/构建；
- 交付与支持。

这些活动是相互关联的，每个活动都接收并形成用于进一步行动的触发器。任务活动都可以被组合成许多不同的序列，这意味着服务价值链允许组织定义各种各样的价值流，以便对利益相关者不断变化的需求做出有效和高效的响应。

这些价值流在 SIAM 中同样有用。在 SIAM 生态系统中，服务提供商之间需要交互与合作。当在服务提供商之间映射这些价值流时，将会对交互与合作有更好的理解。

4.1.1.3　四个维度

服务管理的整体方法是 ITIL 的关键。在整体方法中定义了服务管理的四个维度，这些维度对于成功地促进客户和其他利益相关者的价值至关重要。

- 组织与人员：组织需要一种支持其目标的文化，其人员具有适当的胜任能力。
- 信息与技术：包括信息和知识，以及服务管理所需的技术。

- 合作伙伴与供应商：这是指组织与参与服务的设计、部署、交付、支持和持续改进的其他企业的关系。
- 价值流与流程：这定义了实现商定目标的活动、工作流、控制和程序，描述了为通过产品与服务来创造价值，组织的各个部门如何以整体和协调的方式运作。

在"合作伙伴与供应商"维度中，对 SIAM 有明确提及。然而，为了使 SIAM 模式促进目标的实现，探究其他维度与 SIAM 的关系也很重要（关于组织与人员，请参见第 7 章"SIAM 文化因素"；关于信息与技术，请参见 6.4"技术实践：制定工具策略"；关于价值流与流程，请参见 6.2"流程实践：跨服务提供商的流程集成"）。

4.1.1.4 实践

在 ITIL 中，实践是为完成工作或实现目标而设计的一系列组织资源，包括 ITIL 早期版本的服务管理流程，但又对这一概念进行了扩展。为了实现整体的工作方式，实践需要考虑文化、技术、信息与数据管理等各方面因素。

在 SIAM 转型计划中，应考虑将现有的 ITIL 流程和实践与多服务提供商的本地实践相结合，这就要求对现有的 ITIL 流程和实践进行调整。

例如，故障管理流程仍将遵循类似的步骤，但需要进行调整，以支持服务提供商和服务集成商之间的故障信息传输和相关信息更新。

4.1.1.5 指导原则

指导原则是在任何情况下都能对组织起到指导作用的建议。指导原则具有普遍性和持久性。ITIL 指导原则包括：

- 专注于价值；
- 从你的位置开始；
- 反复进行反馈；
- 协作并提升可见性；
- 全面思考与工作；
- 保持简单实用；
- 优化和自动化。

在服务交付的每个阶段都应遵循这些原则，它们帮助专业人员定义方法，应对决策艰难的局面。ITIL 所强调的协作、自动化和保持简单实用等这些原则，在 SIAM 的良好实践中也有体现。

4.1.2 VeriSM

4.1.2.1 什么是 VeriSM？

> 📑 **术语**
>
> VeriSM 是面向数字化时代的一种服务管理方法。该方法是从组织层面而不是 IT 部门的视角看待服务管理，着眼于端到端的视图。数字化产品与服务要求组织在人员、技术和工作

方式等各个层面进行变革，这是前提。

该方法基于 VeriSM 模型（定义、生产、提供和响应），解释了组织如何以灵活的方式运用一系列管理实践，在正确的时间向消费者交付正确的产品或服务。[10]

VeriSM 由国际数字化能力基金会（IFDC）于 2017 年创建。它是提供给组织的服务管理运营模型，其中定义了几个关键领域：

- 治理——指导和控制组织活动的基础系统；
- 消费者——提出产品与服务需求，接收产品与服务，提供反馈并参与验证、评审、改进活动；
- 服务管理原则——基于组织管理原则，为交付的产品与服务提供"护栏"，解决质量和风险等方面的问题；
- 管理网格——组织将其资源、环境和新兴技术与不同的管理实践相结合，以创建和交付产品与服务的方式；
- 阶段——定义、生产、提供和响应阶段。

4.1.2.2 SIAM 生态系统中的 VeriSM

使用 VeriSM 中的技术方法，有助于理解在 SIAM 生态系统中可能是显而易见的技术和管理实践。SIAM 认识到允许服务提供商运用他们自己的方法和实践的必要性，VeriSM 也支持这一点。

在整个 SIAM 路线图的每一个阶段，都可以运用管理网格来创建蓝图，描述每一项服务涉及的特定"资源""环境""管理实践"和"新兴技术"。在探索与战略阶段，可以创建描述"当前状态"和"顶级要求"的管理网格。在规划与构建阶段，可以创建描述"完整需求"和"差距"的管理网格，用以对实施阶段提供支持。此外，在运行与改进阶段，可以对网格进行更新，提供当前环境的视图以及未来需求的潜在基准。

在 VeriSM 模型中定义的阶段活动也可用于支持 SIAM 路线图中的阶段活动：

- 定义——根据商定的需求设计解决方案（产品或服务），这与SIAM路线图的探索与战略阶段相一致；
- 生产——创建解决方案（构建、测试、部署），确保结果满足消费者的需求，这与SIAM路线图的规划与构建阶段、实施阶段相一致；
- 提供——新的或变更的解决方案可供使用，这与SIAM路线图运行与改进阶段相一致；
- 响应——在性能问题、意外事件、问题或任何其他请求发生期间，为消费者提供支持，这与SIAM路线图运行与改进阶段相一致。

4.1.3 ISO标准

国际标准化组织（ISO）是一个独立的非政府组织，由其成员国的标准化组织组成。他是世界上最大的自愿性国际标准制定者。

这些标准有助于企业提高生产率，同时最大限度地减少错误和浪费。这些标准还有助于保

---

10 引自：《VeriSM 数字化时代的服务管理方法》，清华大学出版社

护产品与服务的消费者，确保经认证的产品符合设定的最低标准。

有超过 20000 个标准，但是在 SIAM 环境中最适用的是：

- ISO 900x——质量管理系列；
- ISO/IEC[11] 20000——服务管理；
- ISO 22301——业务连续性管理；
- ISO/IEC 2700x——安全技术（信息安全管理）；
- ISO/IEC 30105——IT支持服务，业务流程外包；
- ISO 37500——外包指南；
- ISO/IEC 38500——IT治理；
- ISO 4400x——协作业务关系管理。

还有很多的标准，但是哪些标准需要集成到 SIAM 模型中，这将取决于客户组织及其服务提供商和外部的需求。

📖 **术语**

什么是 ISO/IEC 20000？

ISO/IEC 20000 是 IT 服务管理的第一个国际标准，于 2005 年发布。

ISO/IEC 20000 最初是为了反映 ITIL 框架包含的最佳实践指南而开发的，但它也同样支持其他 IT 服务管理框架和方法，包括微软运营框架和 ISACA's COBIT 框架组件。[12]

ISO/IEC 20000 是 IT 服务管理的国际标准，要求组织拥有符合该标准要求的服务管理系统（SMS）。SMS 定义了以下几项：

- 服务范围、组织和定位；
- 服务管理方针；
- 服务管理能力和胜任力；
- 服务管理流程；
- 对由其他方运营的流程的治理（其他方包括由内部或外部服务集成商管理的多个服务提供商）。

大多数向 SIAM 的转型都发生在已经采用了一些服务管理流程的环境中，因此该标准在 SIAM 生态系统中非常有用，可以用于认证、能力证明或作为指导。

例如，即使服务提供商未拥有 ISO/IEC 20000 认证，仍然可以把该标准的要求和相关指导，作为 SIAM 环境中所需的流程和策略的开发基础。

在 SIAM 生态系统中，该标准也可以作为选择服务提供商的准则之一。然而，尽管这表明在服务管理系统和流程的能力与范围方面对服务提供商进行了独立的评估，但并没有说明服务提供商在 SIAM 生态系统中的运营能力。

---

11 IEC 指国际电工委员会，是一个电气、电子和相关技术来源的标准化组织

12 引自：https://en.wikipedia.org/wiki/ISO/IEC_20000

4.2 COBIT

4.2.1 什么是COBIT?

> 📖 **术语**
>
> COBIT 是企业 IT 治理和管理的控制框架。[13]
>
> 最新的版本是 COBIT 2019，是前一版本 COBIT 5 的改进。

ISACA（国际信息系统审计与控制协会）的官方指南记录了 COBIT 的九项原则，与治理体系原则和治理框架原则大体一致。

治理体系原则：

■ 提供利益相关者价值，满足利益相关者需求；

■ 治理体系由多个组件构成，这些组件以整体方式协同工作；

■ 治理体系应该是动态的，每次当一个或多个设计因素发生变化时，应考虑这些变化的影响；

■ 将治理与管理分离——明确区分治理与管理的活动和结构；

■ 使用一组设计因素作为治理体系组件的参数，根据企业的需求进行定制和确定优先级；

■ 治理体系不仅应关注IT功能，还应关注所有技术与信息处理。

治理框架原则：

■ 治理框架应基于概念模型，确定关键组件和组件之间的关系；

■ 治理框架应允许在保持完整性和一致性的同时添加新内容；

■ 符合相关的主要关联标准、框架和法规。

同时也定义了构成该框架的七个支撑引擎：

■ 流程；

■ 组织结构；

■ 原则、政策与框架；

■ 信息；

■ 文化、道德与行为；

■ 人员、技能与胜任力；

■ 服务、基础设施与应用。

COBIT 包括：

■ 用于组织IT治理目标和实践的框架——针对IT治理目标和良好实践，按照IT域和流程对其进行组织和分类，将其与业务需求相关联；

■ 流程说明——一个适用于组织中所有成员的参考流程模型和通用语言，流程会映射到规划、建立、运行和监测的责任区域；

■ 控制目标——为有效控制每个IT流程，提供一套完整的顶层管理要求；

---

13 引自：ISACA 官方文献

- 管理准则——用于分配职责、核定目标、评价绩效，并说明与其他流程的相互关系；
- 成熟度模型——评估每个流程的成熟度与能力，帮助消除差距；
- 绩效管理——组织的治理和管理体系以及所有组成部分的运作状况。

4.2.2 SIAM生态系统中的COBIT

COBIT 的九项原则和七个支撑引擎与 SIAM 有明显的协同效应，可参见第 2 章 "SIAM 路线图"、第 6 章 "SIAM 实践"、第 7 章 "SIAM 文化因素" 以及附录 B "流程指南"。

表 1 罗列了 COBIT 组件与 SIAM 的对应关系。

表 1　COBIT 组件与 SIAM 组件

COBIT 组件	SIAM 组件
框架	实践、治理模型和机构小组
流程说明	流程模型和流程
管理准则	治理模型
成熟度模型	（无直接对应项）
绩效管理	绩效管理与报告框架

在 SIAM 生态系统中，由于涉及的利益相关人员和组织的数量众多，信息的治理和管理变得更加复杂。在 SIAM 路线图的探索与战略阶段和规划与构建阶段，COBIT 的控制目标和成熟度模型对解决这一复杂性问题可能特别有用。

像 COBIT 这样的企业治理模型可以帮助实现以下结果：

- 收益实现——这包括为企业创造价值，维持和增加从现有投资中获得的价值，消除未创造足够价值的IT计划和资产；基本原则是在预算计划内按时交付物尽其用的服务和解决方案；
- 资源优化——这确保具有适当的能力来执行战略计划，并提供充足、适当和有效的资源；资源优化可确保提供一个集成的、经济可行的IT基础设施，根据业务需要引入新技术，更新或替换过时的系统。

4.3 精益

4.3.1 什么是精益?

> 📖 **术语**
>
> 精益的核心理念是实现客户价值的最大化，同时将浪费降到最小。简单地说，精益意味着用更少的资源为客户创造更多的价值。
>
> 一个精益组织会理解客户价值，并专注于那些持续提升客户价值的关键流程。精益的目标是通过建立零浪费的最佳价值创造流程，为客户提供最佳价值。[14]

14　引自：精益企业研究院官方文献

精益思维始于丰田公司，它指的是通过不断改进流程和质量、优化客户价值、提升满意度水平来提高产品与服务在整个组织流程中流转速度的一种方法。精益方法包括五个原则：

- 确定价值（由客户来定义）；
- 识别价值流；
- 创建平滑的增值活动流；
- 让客户通过价值流拉动产品或服务；
- 通过持续改进追求完美。

精益技术的核心是消除或最大限度地减少任何不为最终产品增加价值的活动，这些活动被称为"ムダ"（浪费，音：muda）。浪费形式最初由丰田公司定义，此后被"翻译"为与服务相关的内容。浪费形式见表 2。

表 2　精益浪费形式

传统浪费形式	服务环境中的浪费形式示例
搬运	<ul><li>在接线员之间传递工单；</li><li>挪动设备并将其交给用户。</li></ul>
库存	<ul><li>工单队列、警报队列、请求队列；</li><li>大量设备、PC 或服务请求。</li></ul>
动作	<ul><li>翻阅多个屏幕或区域才能完成一项活动；</li><li>必须多次输入相同的信息才能完成一项活动；</li><li>寻找必要的信息；</li><li>在不同的任务之间切换。</li></ul>
等待	<ul><li>工单或产品闲置，等待操作的时间；</li><li>用户在电话中或在柜台旁等待服务台响应。</li></ul>
过度处理	<ul><li>双重处理；</li><li>过多的审批和控制；</li><li>在事情完成之前进行控制；</li><li>因瓶颈、缺乏灵活性和决策不及时，流程流受到限制。</li></ul>
生产过剩	<ul><li>提前交付；</li><li>提供超出范围的服务；</li><li>提前准备。</li></ul>
缺陷	<ul><li>工单上的错误、误解、不完整或错误的信息。</li></ul>
未使用的技能或天赋	<ul><li>赋予员工的自主权和责任太少；</li><li>给有技能的员工分配简单的任务；</li><li>给不具备必要技能或知识的员工分配任务。</li></ul>

精益不仅是改进流程或价值流的一种方式，还影响着整个组织文化，涉及并影响每个人。精益思维已经应用于其他行业，包括 IT 服务管理领域。例如，精益 IT 遵循精益制造原则，将精益思维应用于 IT 产品与服务的开发和管理之中。

精益文化和思维方式可以说是敏捷和 DevOps 工作方式的基础。

4.3.2 SIAM生态系统中的精益

在 SIAM 生态系统中，使用精益技术有助于提高交付价值，并且能最大限度地提高效率。精益可以运用于 SIAM 路线图的所有阶段：

- 探索与战略阶段——当建立一个SIAM项目时，可以使用精益方法和工具来描绘和理解组织的当前状态；
- 规划与构建阶段——将精益原则运用于持续改进中，强调预防错误而不是被动纠正错误，这在定义协作模式时会很有用；
- 实施阶段——在这一阶段运用精益，在很多情况下可以提高生产能力和速度；
- 运行与改进阶段——精益原则和持续改进的基础文化可以形成整个生态系统中总体的改进方法。

精益技术在运用于流程时也能带来价值。每个流程的每一步都应该被分析，可以考虑以下因素：

- 这一步为上一步的输出增加了什么价值？
- 这一价值是否有助于整个流程的预期输出？
- 这一步是否重复了在上一步中已完成的任何工作？
- 这一步是否重复了在其他流程中已完成的任何工作？
- 这一步中是否有时候没有开展任何工作？
- 流程步骤是否能够应对预期的工作量？

精益的关键概念之一是，质量应该被设计到产品属性中，而不是通过检验添加到产品中。只要有可能，流程应设计为始终如一地交付符合质量要求的输出。服务集成商或客户后续进行的任何质量检验都应该被审查，以证明为什么需要这些检验。举个例子，服务提供商提交了变更请求管理流程，由服务集成商进行审批，如表 3 所示。

表 3　变更请求与浪费来源管理

流程步骤	潜在浪费
向服务集成商提交变更请求。	缺陷：变更请求没有包含正确或充分的信息。
服务集成商记录并审查变更请求。	等待：没有及时阅读变更请求的电子邮件。 过度处理：服务提供商已经审查过变更请求。
服务集成商的变更经理对变更进行评估。	等待：没有及时阅读变更请求的电子邮件。 过度处理：服务提供商已经评估过变更请求。
变更经理将变更请求流转给集成变更顾问委员会成员。	等待：变更经理每周只发出一次变更请求。
集成变更顾问委员会成员评估变更。	等待：没有及时阅读变更请求的电子邮件。 过度处理：一些委员会成员缺乏评估变更的技能或知识。
集成变更顾问委员会成员将变更列入计划。	等待：委员会每周只进行一次会议。
变更经理授权进行变更部署。	等待：变更经理直到集成变更顾问委员会会议之后的第二天才授权。

4.4 DevOps

4.4.1 什么是DevOps?

> 📖 **术语**
>
> DevOps 代表了 IT 文化的一种变革，其核心是在面向系统的方法中通过采用敏捷和精益实践来实现快速的 IT 服务交付。DevOps 强调人员和文化，并寻求改进运维团队和开发团队之间的协作。DevOps 的实现利用了技术——特别是自动化工具，从生命周期的角度来看，这些工具可以利用越来越多的、可编程的、动态的基础设施实现快速的 IT 服务交付[15]。

DevOps 融于软件开发和运维的整个生命周期之中。这是一种灵活的、不断发展的哲学和方法，而不是一种标准或约定俗成的流程框架。DevOps 的重点是将组织的开发和运维能力融合到具有共同职责的跨职能自主团队中。

DevOps 思维聚焦在以下七个方面：

- 所有权与问责制；
- 系统思维；
- 不断尝试与学习；
- 协作文化与分享；
- 自动化；
- 消除浪费/精益原则；
- 评价。

DevOps 价值观可描述为文化、自动化、精益、评价与分享（CALMS，Culture、Automation、Lean、Measurement、Sharing），如表 4 所示。

表 4　DevOps 的 CALMS 价值观

文化	DevOps 的范围可视作人员、流程和技术。文化涉及人员和流程两方面。文化包括沟通、协作与行为。
自动化	自动化包括对自动化工具的运用，例如测试和部署软件等任务可以实现自动化，发布管理、配置管理和监控工具都能实现自动化。
精益	精益是指运用更少的资源为客户创造更多的价值。请参见 4.3.1"什么是精益？"。
评价	从 DevOps 的视角来看，评价是必不可少的。评价将展示 DevOps 的价值，并对正在开发的产品与服务提供反馈。反馈强调的是改进机会。
分享	分享可以促进沟通与协作，并为组织提供学习和改进的机会。分享可以被视为反馈循环。

15　引自：Gartner 官方文献

4.4.2 SIAM生态系统中的DevOps

初看起来，DevOps 和 SIAM 方法似乎相互冲突。DevOps 侧重于产品与服务的端到端所有权，拥有自主、自我管理的团队。SIAM 生态系统通常会分解服务，并将不同服务元素的管理责任分配给不同的服务提供商。

但是，两者有一个共同的目标，即交付高质量的产品与服务，令客户满意。DevOps 的 CALMS 价值观还可用于帮助 DevOps 适应 SIAM 生态系统，如表 5 所示。

表 5   SIAM 生态系统中的 DevOps 的 CALMS 价值观

文化	在 SIAM 生态系统中，负责产品或服务的逻辑团队的成员可能来自多个服务提供商。鼓励集体所有权意识，鼓励在整个团队中建立牢固关系，都是对 DevOps 文化的宣贯。
自动化	不同的服务提供商可能使用不同的工具系统，自动化将更具挑战性。当制定 SIAM 工具策略时，需要考虑自动化，可以建立一个论坛来进一步讨论自动化的机会。
精益	在 SIAM 生态系统中，需要在服务提供商之间传递信息，或者任务重复时，所涉及的服务提供商越多，可能无意中造成的浪费就越大。精益有助于最大限度地减少浪费。DevOps 试图减少团队之间的交接。SIAM 需要清楚交接发生在哪里。
评价	DevOps 和 SIAM 都认为评价对于展示价值交付和效率实现至关重要。DevOps 团队可以支持评价自动化，而服务集成商也可以帮助建立跨生态系统的端到端评价。
分享	DevOps 团队可能只需要在团队内部或在组织内部分享信息。在 SIAM 生态系统中，服务集成商需要形成一种文化，对服务提供商之间的分享进行鼓励和奖励。

4.4.2.1   所有权与问责制

基于 DevOps 团队拥有全部所有权和授权的文化背景，DevOps 的设计宗旨是以最快的速度交付工作软件和解决方案。这似乎与服务集成商的治理和保证角色相悖。采用 DevOps 方法的服务提供商可能认为，服务集成商在没有附加值的情况下给变更实施增加了延迟，因此双方关系可能紧张。

在 DevOps 中，使用同一团队对应用程序和基础设施进行定义、开发、测试、部署，并提供全部支持服务。这可能与某些 SIAM 治理模型中的职责分离要求（通常在采购合同中定义）相冲突。

DevOps 思维还可能与 SIAM 采购方式和服务分组方式冲突。在 SIAM 中，不同的服务提供商分别负责基础设施服务和应用程序服务。大多数 DevOps 团队更愿意对服务的所有方面负责。SIAM 模式需要在 DevOps 工作方式可能带来的收益与采购环境的复杂性之间取得平衡。

4.4.2.2   系统思维

系统思维强调整个系统的绩效，而不是只关注单个孤岛、团队或部门。它注重的是 IT 支持的所有业务价值流。在高绩效组织中，流是可见的，例如作为流程或价值流分析图。人员自行组织起来，以改善流动。

在 DevOps 环境中，系统思维侧重于了解从开发到运维的工作流以及增进流动的方法。在

SIAM 生态系统中，关注的是在服务提供商之间和跨服务提供商的工作流，侧重于强调并解决其中的任何问题或瓶颈。

4.4.2.3 不断尝试与学习

DevOps 的一个重要概念是新功能的增量部署，用户反馈将体现在下一次的部署中。在 SIAM 生态系统中，这可能存在问题，因为部署将影响多个服务提供商。

如果采用 DevOps，服务提供商和服务集成商将需要协作，为端到端服务建立和维护综合自动化测试系统。

DevOps 还鼓励在工作方式上进行尝试与学习的文化。失败是学习的机会，而不是责备的机会。这种文化可以用来加强 SIAM 生态系统中的协作文化。

4.4.2.4 协作文化与分享

DevOps 中的行为概念对于在 SIAM 生态系统中建立强大的文化特别有用。

注重文化与分享，鼓励在产品与服务的整个生命周期中进行协作与沟通，鼓励不同专业领域的团队协同工作，共同致力于一个交付目标，实现客户预期的结果。

例如，在 DevOps 环境中，团队所有成员都对变更的成功负主责。他们集体作为问责对象承担审批责任。这与期望由单个人担负主责的方法形成了对比。在 SIAM 生态系统中，对决策进行集体问责有助于形成协作文化。

4.4.2.5 自动化

测试和部署等活动的自动化是 DevOps 的一个重要元素。自动化能够加速交付并降低风险。在 SIAM 生态系统中，需结合变更管理治理要求实施自动化。

DevOps 思维还可以帮助应对一些常见的 SIAM 挑战，使用自动化来解决由于缺少集成的工具系统而导致的问题。

4.4.2.6 消除浪费 / 精益原则

DevOps 思维倡导产品与服务的端到端所有权（"谁建设，谁运行"），减少了团队之间的交接，与产品或服务有关的价值流变得更加清晰。由于牵涉的人员更少，因此更容易识别哪些环节存在浪费。

在 SIAM 环境中，服务的端到端视图会带来价值，而由多个服务提供商参与交付会带来复杂性，挑战在于如何在价值和复杂性之间保持平衡。需要仔细审查服务提供商之间的交接，分析在哪些环节可以消除重复或冗余的活动，以及如何让服务集成商参与进来。

4.4.2.7 评价

DevOps 优先运用较短的反馈循环和敏捷开发实践技术，快速获取有关产品与服务的反馈。反馈用于发现与产品、服务以及工作方式有关的改进机会。

在 SIAM 模式中，服务集成商必须确保对端到端服务的评价在整个生态系统中开展，因为单独对每个服务提供商进行评价并不能提供完整的信息。DevOps 思维有助于确定进行自动化评价的方式，减少与收集和共享数据有关的管理开销。

4.5 敏捷，包括敏捷服务管理

4.5.1 敏捷的、敏捷和敏捷性

"敏捷的"（agile）一词是一个形容词，意思是"能够快速、轻松地移动，能够快速思考，解决问题并提出新的想法"。"敏捷的"指的是一种思维或组织文化（我们如何看待自己、我们的行为和我们看重什么）。在这个快速发展的世界中，构建敏捷文化有助于发挥组织中人员的力量，有助于组织变得更具适应性、创新性和复原性。

"敏捷"（Agile，大写字母 A）也指用于项目或计划开发与管理的一个框架和方法。敏捷方法和框架的示例包括 Scrum、Kanban、极限编程和动态系统开发方法（DSDM）。

"敏捷性"（agility）一词通常用于表示企业或组织具备敏捷性的上下文语境中。从广义上讲，它意味着适应变化的能力比较强。企业以组织敏捷性努力提高执行速度，提高更好地响应和适应客户需求的能力，提高吸引员工和赋予员工权力的能力。

在很多出版物中，"敏捷的"和"敏捷"可以互换使用，但了解这两个词之间的根本区别很重要。

4.5.2 什么是敏捷?

> 📖 **术语**
>
> 敏捷是一组价值和原则，根据这些价值和原则，通过自组织跨职能团队的努力协作，需求和解决方案得以不断发展。[16]

敏捷思维起源于软件开发，它运用并建立于制造业的精益技术之上。敏捷宣言发布于 2001 年，其中包含敏捷的四个价值观和十二条指导原则。

敏捷思维和敏捷宣言现已成功运用于很多不同的专业和领域，包括项目管理、变革管理、服务管理、DevOps 和 SIAM。

与传统的"瀑布式"方法相比，利用敏捷原则对变更进行交付变得更加频繁，而每次迭代和 / 或递增中交付的更改量却更少。这样可以更快地实现收益和价值，并降低业务风险。

敏捷方法还允许更容易地改变方向。例如，允许企业认识到，对于新服务的开发必须进行大量投资，否则不会带来预期的收益。

16　引自：Wikipedia（维基百科）

4.5.3　什么是敏捷服务管理?

> 📖　**术语**
>
> 　　敏捷服务管理（AgileSM）确保 ITSM 流程反映了敏捷价值观，并设计了"恰到好处"
> 的控制和结构，按照客户要求的时间和方式，有效和高效地交付服务，实现客户需要的结果。[17]

敏捷服务管理的目标包括：
- 确保敏捷价值观和原则融入从设计、实施到持续改进阶段的每一个服务管理流程中；
- 提高IT的整体能力，更快地满足客户需求；
- 有效和高效（精益）；
- 流程设计具备"恰到好处"的可伸缩控制和结构；
- 提供持续交付客户价值的服务。

4.5.4　SIAM生态系统中的敏捷

任何 SIAM 的实施都将受益于对敏捷价值观和敏捷原则的关注。

敏捷宣言中的价值观可适当应用于 SIAM 生态系统。生态系统中的所有各方都应秉持以下价值观：
- 个体与互动重于流程与工具；
- 工作服务重于详尽的文档；
- 协作重于合同；
- 响应变化重于遵循计划。

根据敏捷宣言，尽管右项有其价值，但应优先考虑左项的价值。例如，以上第一条表明，提高绩效的最佳方法是关注人员方面，即更多地强调个体与互动，而不是流程与工具。

敏捷方法可以用于设计、开发和实施 SIAM 模型、SIAM 结构和 SIAM 路线图中的很多部分，包括：
- 流程；
- 政策；
- 工具；
- 服务改进；
- 机构小组。

> 📖　**术语**
>
> 　　Scrum 是组织通常采用的敏捷方法之一。它包含冲刺回顾会议的概念，可以在 SIAM 生
> 态系统中被机构小组采用。冲刺回顾会议为团队提供了一个机会，用以反思和为下一次冲
> 刺（或迭代）创建改进计划。

17　引自：《敏捷服务管理指南》©2015，DevOps 研究院

典型的冲刺回顾会议涵盖以下话题：

- 哪些方面运行良好，我们应该继续做下去吗？
- 哪些方面可以改进，哪些方面应该停止进行？
- 在下一个冲刺中，我们将致力于哪些方面，并开始执行哪些工作？

将敏捷宣言中的四个价值观和十二条指导原则应用于 IT 服务管理和 SIAM 中，能够：

- 改进交付和工作流；
- 提高客户满意度；
- 支持整个SIAM生态系统的协作；
- 支持增量流程改进；
- 提供灵活性；
- 允许提前发现路径改变或方向改变。

表 6 提供了敏捷原则在 SIAM 中的应用示例。

表 6　敏捷原则在 SIAM 中的应用示例

敏捷原则	SIAM 中的应用示例
最优先的目标是通过持续不断地提早交付，使客户满意。	敏捷可以运用于 SIAM 的阶段性实施中，通过增量学习更快地提供结果。
经常性地交付发布版本。	对发布版本进行测试、批准和部署，有一定的速度要求。为了满足此要求，应设计端到端变更与发布管理流程，还应设计一个支持治理体系。
围绕积极进取的个体建立项目，相信他们能够达成目标。	服务集成商应该信任服务提供商，应该授权给服务提供商，使他们在交付服务的过程中不受干预或受到的干预最小，反之亦然。
面对面交谈是传递信息最有效和高效的方式。	工作组和流程论坛是向服务提供商传递重要信息的有效方式。视频会议和聊天技术可用于实现虚拟的"面对面"。
持续关注卓越和良好的设计可提高敏捷能力。	流程论坛可以支持整个服务提供商社区中最佳实践的开发和利用。
以简洁为本。	SIAM 模式应该是易于理解的。否则，服务提供商可能难以理解并应用它。
最好的输出来自自组织团队。	通过信任、授权、工作组和流程论坛，在 SIAM 环境中体现。
定期反思如何变得更有效，然后微调行为。	流程论坛和治理委员会应使用数据与信息来确定需要改进的领域，然后采取行动进行改进。积极的行为应该受到鼓励和奖励。

4.5.5　SIAM生态系统中的敏捷服务管理

在 SIAM 生态系统中，敏捷服务管理包括敏捷流程设计和敏捷流程改进。

- 敏捷流程设计：使用敏捷方法设计IT服务管理流程，这是在小型且发布频繁的流程中设计和实现的。通常一个周期需要2~4周。第一个周期应该交付一个最小可行流程（MVP），包含所需要的最少功能。这样可以尽快投入使用并获得反馈，反馈后的结果将在下一个周期体现。

■ 敏捷流程改进：使用敏捷方法改进流程。在服务提供商内部，应该授权流程负责人进行流程改进。在更广泛的 SIAM 生态系统中，应赋予流程论坛这种权力。应采用定期、短周期的方式设计和进行个别的改进。优先考虑的应该是客户满意度。精益思维可用于发现和消除浪费及没有价值的活动。

📑 **总结**

这些实践以及其他实践能够为 SIAM 提供支持。注意，应更深入地了解它们，并根据需要在 SIAM 生态系统中适当使用。

5 SIAM 中的角色与职责

本章探究在一个典型的 SIAM 生态系统中包含的角色与职责，审视 SIAM 每一层中的具体角色，阐明将角色分配给机构小组的方式。

角色被定义为"某人或某物在某一情景、组织、社会或关系中的地位或目的"[18]。

职责被定义为"角色要处理的工作或责任"[18]。

5.1 角色与 SIAM 路线图

在 SIAM 生态系统中，角色与职责需要被定义、分配、监督与改进。

根据 SIAM 路线图，在探索与战略阶段为定义角色与职责确定原则与政策，在规划与构建阶段进行详细设计，在实施阶段分配角色与职责，在运行与改进阶段对角色与职责进行监督。

跟角色与职责相关的四个主要活动是：

- 确定原则与政策；
- 设计；
- 分配；
- 监督与改进。

5.1.1 确定原则与政策

为定义角色与职责确定原则与政策是设计 SIAM 生态系统的一个至关重要的步骤。

可以在治理框架中定义所需的职责。在探索与战略阶段，将现有的角色和作业描述对应到职责和所选定的 SIAM 结构上，并进行比较。

在探索与战略阶段，还没有定义详细的角色与职责。在规划与构建阶段的设计活动中，会重新审视和细化角色与职责。

在 SIAM 生态系统，角色与职责没有单一的、理想的对应关系。每个 SIAM 模型都是不同的，这取决于客户组织希望自己保留的能力，以及准备从外部服务集成商和 / 或服务提供商处获取的能力。

至于在内部应具有哪些能力，以及从外部该获取哪些能力，客户组织在决策时应考虑以下

---

18 引自：《剑桥词典》

因素的影响：

- 实施SIAM的总体目标；
- 选定的SIAM结构；
- 客户战略和组织愿景；
- 客户能力和技能水平；
- 客户认为必须保留的战略能力；
- 现有服务提供商的关系和外包的角色与职责。

📋 **方法**

服务"菜单"

我们可以把这个过程想象成按照菜单选择食物。客户有机会审视角色与职责，并可以选择对自己有吸引力的选项。

这一过程由客户进行控制。对于外包风险较大或较为复杂的活动，客户可决策由内部职能负责。对于不再愿意承担的任务，客户有权进行职责转移，换句话说，可以有效地从外部采购。

5.1.2 设计

在路线图的规划与构建阶段，参考 SIAM 模型大纲、流程模型大纲、SIAM 结构和治理框架对角色与职责进行详细设计。

5.1.3 分配

在实施阶段，分配角色与职责。

有些角色将始终被分配到特定的 SIAM 层：

- 客户组织必须保留那些由法律或法规授权的角色。
- 服务集成商将始终承担服务治理、管理、集成、保证和协调的主责，包括负责端到端服务的管理、服务提供商管理、监测与报告。
- 服务提供商将承担服务交付角色。

5.1.4 监督与改进

明确角色与职责之后，为了确保角色与职责的有效性，并及时发现改进机会，需要对角色与职责进行监督。可以对单个角色和角色之间的接口进行改进。

如果在整个组织中发生重组活动，则需要对角色进行审查，以确保角色保持一致。

5.2 在 SIAM 生态系统中，角色有何不同？

必须认识到在 SIAM 生态系统中，角色与职责将在多服务提供商的环境中得以应用。如果没有针对角色与职责的细致设计和管理，随着更多的参与方加入进来，生态系统会变得更加复杂，活动被遗漏或者被重复的风险将越来越高。

> 📖 **方法**
>
> **映射活动**
>
> 在 SIAM 生态系统中，一个流程或活动可能跨越三层。以变更管理流程为例：
> - 客户层，进行变更授权和日程安排的输入；
> - 服务集成商层，管理集成的变更管理流程；
> - 服务提供商层，发起变更，提交给变更顾问委员会，实施变更。
>
> 也存在一个人承担多个角色的可能。例如，服务提供商的流程经理可能具有以下角色：
> - 变更管理角色，参加变更顾问委员会；
> - 问题管理角色，参加问题管理工作组；
> - 知识管理角色，提供知识文章输入。
>
> 角色分配的方式将取决于 SIAM 生态系统的规模和复杂性，以及资源的可用性和能力。

5.2.1 客户组织角色

在 SIAM 模式之外，客户通常会与服务提供商有直接的关系。在 SIAM 生态系统之内，客户需要明白自己的角色是对服务集成商进行支持和授权。如果客户在 SIAM 生态系统之内仍然直接与服务提供商合作，可能会不经意地创建一个"影子 IT"结构。

5.2.2 保留职能角色

对于隶属于组织保留职能的员工，接受 SIAM 意味着放弃对服务提供商的直接控制和退出日常服务事项的管理。这要求他们的角色是战略性和主动的，而不是运营性和被动的。

保留职能角色需与服务集成商保持密切的关系，目的是提供指导方向，使服务集成商具有自主权又不造成独断。

客户与服务提供商签署合同，但是由服务集成商进行交付管理。保留职能角色需要让服务集成商在不改变这种形式的情况下履行其职责。

5.2.3 服务集成商角色

服务集成商作为客户代理，代表客户行使权力，这意味着是为客户做正确的事情，而不是动摇客户的组织愿景和目标。

服务集成商还代表服务提供商，为客户组织提供端到端服务。

服务集成商角色依赖于良好的关系，为了发挥作用，必须与客户组织和服务提供商保持良好的关系。

服务集成商角色需保证和促成服务交付。在 SIAM 生态系统中，为了有效地发挥角色的作用，需要具备契约精神和商业意识。服务集成商需要关注跨多个服务提供商的服务集成和协作。

5.2.4 服务提供商角色

对服务提供商来说，协同工作可能是一种新的方式和一种文化的变革。他们需要适应与潜在竞争对手合作的形势，与服务集成商建立关系，而不只是与客户保持关系。

为了在 SIAM 生态系统中发挥作用，服务提供商可能不得不改变工作方式和结构。他们的角色要求他们专注于服务目标，并与组织目标保持平衡。

5.3 角色描述：客户组织（含保留职能）

客户组织（含保留职能）的角色描述如表 7 所示。

表 7 客户组织（含保留职能）角色描述

描述	在 SIAM 生态系统中，客户组织属于委托的角色。为了在 SIAM 生态系统中开展公司治理，客户设立了具有相应能力的保留职能。
典型问责范围	• 战略方向； • 企业架构； • 政策与标准管理； • 采购； • 合同管理； • 需求管理； • 财务与商务管理； • 服务组合管理； • 企业风险管理； • 治理，包括服务集成商治理； • 计划与项目管理问责制。
典型角色	• IT 主管； • 服务主管； • 服务负责人； • 企业架构师； • 服务架构师； • 首席财务官（CFO）； • 首席信息官（CIO）； • 首席安全官（CSO）。
典型职责	• 定义一套核心的政策、标准、程序和指南并提供保证，其中包括架构、信息、商业、财务、安全和企业服务架构； • 开发与业务战略一致并支撑业务战略的 IT 战略和 SIAM 战略，同时具备所有权； • 开发企业架构，定义技术架构、数据架构和应用架构路线图，定义 SIAM 服务范围，同时具备所有权； • 提供总体计划和商务管理； • 针对服务集成商开展治理和保证； • 在执行级或商务级来管理服务提供商关系； • 开展全面风险管理； • 解决合同纠纷； • 拥有业务关系，承担"智能客户职能"； • 确定端到端服务预算。

5.4 角色描述：服务集成商

服务集成商的角色描述如表 8 所示。

表 8 服务集成商角色描述

描述	在 SIAM 模式中，服务集成商层执行端到端服务的治理、集成、保证和协调。
典型问责范围	• 端到端服务管理； • 端到端绩效管理； • 端到端服务报告； • 服务治理和保证； • 跟踪性价比； • 持续服务改进。
典型角色	• 服务集成主管； • 服务交付经理； • 服务经理； • 流程负责人； • 流程经理； • 服务保障经理； • 绩效经理； • 安全经理。
典型职责	• 负责跨服务提供商的端到端服务管理，负责与客户组织对接； • 在运营级管理服务提供商关系； • 作为客户"代理"，提供与服务提供商的沟通渠道； • 对全体服务提供商进行端到端绩效管理； • 根据商定目标对每个服务提供商进行绩效管理； • 协调服务提供商； • 保证服务提供商的绩效和服务交付； • 根据客户组织的授权，对服务提供商进行治理； • 促进流程论坛； • 负责服务和能力的供需运营管理； • 汇总服务报告； • 提供服务沟通； • 对提供和管理集成服务管理工具系统有潜在责任； • 根据合同和服务目标管理服务提供商绩效。

5.5 角色描述：服务提供商

服务提供商的角色描述如表 9 所示。

表 9 服务提供商角色描述

描述	在 SIAM 生态系统中，有多个服务提供商。根据合同或协议，每个服务提供商负责向客户交付一个或多个服务（或服务元素），负责管理用于服务交付的产品和技术。服务提供商可以来自客户组织内部，也可以来自外部。

典型问责范围	• 根据定义和商定的标准、政策和架构，交付客户要求的服务； • 展示配合、协作、改进和创新所要求的行为； • 确保遵循跨服务提供商服务管理流程； • 与供应商和服务集成商协同工作，解决问题，处理故障和难题，发现改进机会，交付让客户满意的结果。
典型角色	• 服务经理； • 客户经理； • 流程负责人； • 流程经理； • 技术人员； • 服务管理人员。
典型职责	• 负责按照商定的服务级别和成本，交付服务所需的技术和产品； • 集成内部服务管理流程于端到端服务管理流程中； • 遵循由客户定义的政策、标准和程序； • 遵循架构设计标准； • 与服务集成商和其他服务提供商协同工作； • 加入机构小组，包括流程论坛。

5.6 治理角色

治理是一个被广泛使用却又常常被误解的术语。在 SIAM 生态系统中，治理指的是政策与标准的定义及应用。通过治理，定义和确保授权、决策和问责所需的级别。

COBIT 定义的治理包括三项活动：评估、指导和监测。较低级别的活动（规划、建设等）属于管理范畴（请参见 4.2.1 "什么是 COBIT?"）。如图 13 所示。

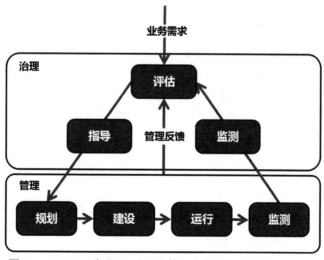

图 13　COBIT 5 企业 IT 治理和管理业务框架 ©2012，ISACA

SIAM 角色可以对应到这个模型上，如图 14 所示。

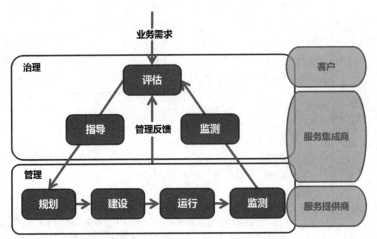

图 14　SIAM 角色与 COBIT 5 业务框架的对应关系

治理活动由治理委员会在战略级、战术级和运营级执行。这些委员会构成 SIAM 各层的机构小组。

委员会是决策机构，要为决策结果负责。

委员会提供了 SIAM 环境下所要求的治理级。在存在很多不同服务提供商的复杂环境中，可能需要设立更多的委员会来解决特定领域的问题，例如：

■ 信息安全顾问委员会；
■ IT服务连续性治理委员会；
■ 项目委员会。

在 SIAM 模式中设置委员会结构，需要考虑委员会的运营开销与治理需求、治理结果之间的平衡。

5.6.1　战略治理：执行委员会

执行委员会负责最高级别的治理和监督。通过在最高级别中展现良好的行为，这些委员会在 SIAM 文化建设方面也发挥着重要作用（请参见第 7 章"SIAM 文化因素"）。

执行委员会的成员都是高层职员，对自己在 SIAM 模式中的组织角色负责。

所有服务提供商都会加入执行委员会。此外，每个服务提供商都会有一个单独的与客户和服务集成商组成的执行委员会，在这里服务提供商可以讨论商业绩效和敏感问题。

5.6.1.1　典型成员

典型的成员包括：

■ 客户——首席信息官(CIO)、首席技术官(CTO)、交付主管或服务交付总监；
■ 服务集成商——运营总监、合同商务总监；
■ 服务提供商——运营总监、合同商务总监、客户经理、首席信息官、首席技术官。

5.6.1.2　典型频度

执行委员会会议通常每季度举行一次。

5.6.1.3　典型议程

执行委员会的议程可包括：

- 未来半年、一年和三年的客户战略；
- 服务集成商战略更新，包括任何可能的冲突或协同，以及互惠互利的机会；
- 服务提供商战略更新（在适当的情况下），包括任何可能的冲突或协同，以及互惠互利的机会；
- 上一季度工作的高层审查，包括成绩和问题；
- 合同绩效（包括任何未履行的职责），这些通常在专项执行委员会进行讨论，除非所有服务提供商都涉及共同的问题；
- 创新规划，考虑来自服务提供商/服务集成商的新提案；
- 其他相关议题。

5.6.1.4　典型输入

执行委员会的输入可包括：

- 季度和月度绩效信息；
- 客户和服务满意度信息；
- 客户战略；
- 战略服务改进；
- 战略创新；
- 相关的服务集成商和服务提供商战略；
- 服务提供商技术路线图。

5.6.1.5　典型输出

执行委员会的输出可包括：

- 行动和决策记录；
- 战略路径调整或方向改变；
- 业务变更请求；
- 战略变革时间计划；
- 业绩表彰和交流。

5.6.2　战术委员会

战术委员会设立于战略委员会和运营委员会之间，构成了运营委员会筹备工作的一个环节。例如当有重大故障发生时，可以在与客户开会之前召集战术委员会进行讨论。战术委员会也是运营委员会的问题升级节点，负责确定哪些提案应上报至战略委员会。

客户不参加战术委员会。

5.6.2.1 典型成员

战术委员会的成员来自服务集成商和服务提供商，出席的角色可包括：

- 服务交付经理；
- 服务经理；
- 流程负责人（根据需要）；
- 客户经理。

5.6.2.2 典型频度

战术委员会会议通常每月举行一次。

5.6.2.3 典型议程

战术委员会通常讨论服务绩效和服务持续改进，因此议程将根据所要解决的问题而有所不同。

服务集成商有权代表客户解释合同，在会议上可能做出有关财务或非财务问题的补救决定，然后下发给运营委员会。

战术委员会根据战略委员会的指导制订战术行动计划，同时审议由运营委员会提交上来的变更事项。

战术委员会的工作包括协调、调解、决策、保证和治理。

5.6.2.4 典型输入

战术委员会的输入可包括：

- 绩效数据，包括客户满意度；
- 服务改进；
- 服务提供商数据。

5.6.2.5 典型输出

战术委员会的输出可包括：

- 行动和决策记录；
- 战术变更时间计划；
- 改进机会。

5.6.3 运营委员会

相对战略委员会和战术委员会而言，运营委员会召集讨论的是较低级别的服务绩效事项。

运营委员会审议服务绩效，同时作为其他运营委员会或流程论坛的升级点。例如，流程论坛确定了需要改进的活动，但是流程论坛的成员却没有足够权限进行审批，而运营委员会可以批准预算或资源来开展改进活动。

必要时可安排其他运营委员会支持做出决策，例如，最常见的是请求集成变更顾问委员会的支持。

5.6.3.1 典型成员

运营委员会的成员可包括：

- 客户的保留职能（根据需要）；
- 服务集成商；
- 服务提供商；
- 用户代表；
- 流程负责人；
- 流程经理；
- 服务经理。

5.6.3.2 典型频度

运营委员会会议通常每月举行一次。

5.6.3.3 典型议程

运营委员会的议程可包括：

- 审议月度绩效报告，包括客户满意度；
- 行动和决策；
- 关键和重大故障审查；
- 来自其他运营委员会和流程论坛的升级事项；
- 半年度合规、认证政策和程序的审议。

5.6.3.4 典型输入

运营委员会的输入可包括：

- 月度报告；
- 流程报告，例如故障报告；
- 改进计划；
- 来自其他运营委员会的升级事项；
- 来自战术委员会和战略委员会的决策。

5.6.3.5 典型输出

运营委员会的输出可包括：

- 决策和行动记录；
- 升级事项；
- 改进行动。

5.6.4 运营委员会：集成变更顾问委员会

集成变更顾问委员会是一个运营治理委员会。该委员会符合运营委员会的定义，因为该委员会做出决策并对决策负责。该委员会由服务集成商担任主席并管理。

该委员会在权限范围内审议所有变更事项。无论哪个服务提供商实施了变更，都可能影响端到端服务。该委员会重点关注影响多个服务提供商的变更、关联风险以及对客户的意外影响。

该委员会还负责制定变更政策。在政策中定义了审议和批准不同类型变更的职责。政策也包含对标准的定义和对独立变更的定义。独立变更指的是服务提供商可在本地系统自行批准的变更。

必要时，可将变更上报至战术或战略委员会进行审议。"审议"可涵盖从详细调查到标准变更定义范围内的任何行动，包括自动批准的变更的定义、由自动化测试和发布系统批准的变更的定义（请参见 4.4 "DevOps"）。该委员会力求促成变更，而不是阻止变更。

集成变更顾问委员会的职责包括：

- 确保所有服务提供商和客户都了解相关变更事项；
- 确认以下事项：
  - 已对变更涉及的风险和意外影响进行评估，
  - 补救计划已获验证，
  - 已分配并提供适当的资源来实施变更，
  - 已有健全的沟通计划到位，
  - 已遵从生态系统的技术和架构标准；
- 集体批准或以其他方式进行变更；
- 建立标准的变更机制和自动批准机制；
- 审议已完成的变更。

5.6.4.1 典型成员

集成变更顾问委员会的成员可包括：

- 服务集成商变更经理（主席）；
- 服务提供商变更经理；
- 领域专家（根据需要）；
- 客户代表（根据需要）。

5.6.4.2 典型频度

集成变更顾问委员会召开会议的频度因变更的数量和规模而异，可以根据需要召开额外的紧急会议。

5.6.4.3 典型议程

集成变更顾问委员会的议程可包括：

- 对最新变更的审议；
- 对已实施变更和失败变更的更新；
- 变更管理流程改进。

5.6.4.4 典型输入

集成变更顾问委员会的输入可包括：

- 变更请求和相关信息；
- 变更管理流程绩效信息。

5.6.4.5　典型输出

集成变更顾问委员会的输出可包括：

- 更新的变更状态；
- 流程改进。

5.7　运营角色

有效的 SIAM 生态系统建立在所有 SIAM 层之间的工作关系和一致的文化之上。

在运营级，工作组、委员会和流程论坛都有助于在服务提供商与服务集成商之间建立关系和促进沟通。在 SIAM 生态系统中，这些工作组、委员会和流程论坛形成了跨越 SIAM 层的机构小组。更多信息请参见第 1 章"SIAM 概论"。

在 SIAM 生态系统中，可以有多个委员会、流程论坛和工作组，包括：

- 集成变更顾问委员会；
- 问题管理论坛；
- 知识管理论坛；
- 持续改进论坛；
- 容量管理论坛；
- 信息保证和安全论坛；
- 转型规划和支持论坛；
- IT服务连续性论坛；
- 服务监测论坛；
- 故障管理工作组（针对某个特定故障或某组特定故障）；
- 发布计划工作组；
- 问题管理工作组（针对某个特定问题或某组特定问题）；
- 创新工作组（针对特定创新）。

在不同的 SIAM 生态系统中，机构小组会有所不同。如果对服务交付和服务结果能起到促进和支持作用，那么可以为任何服务管理流程或活动成立机构小组。

论坛在适当的情况下可以进行合并。例如，可以只通过一个"流程改进"论坛对多个流程可能的改进进行评估。

当一些流程具有相似的范围，或者它们的活动之间存在依赖关系时，例如变更、配置和发布管理流程，联合论坛是有价值的。会议召开的次数应始终与会议的价值保持平衡。

有一些常规的角色将参加工作组和论坛。

流程负责人

- 对端到端流程设计负主责；
- 对流程绩效负主责。

服务集成商和服务提供商都有流程负责人。服务集成商流程负责人将对跨服务提供商端到端流程的集成负主责。服务提供商的流程负责人对服务提供商内部的流程负主责，同时负责将内部流程与端到端流程保持一致。流程负责人是一个角色，因此一个员工可以担任多个流程的流程负责人。

流程经理

- 负责流程的执行。

在较大型的组织中,流程经理被定义为给流程负责人提供支持并负责执行流程活动的角色。

服务负责人

- 对端到端服务绩效负主责;
- 定义服务战略;
- 预测服务需求和业务需求;
- 服务预算负责人。

这个角色通常由客户组织的人员担任。

服务经理

- 负责一个或多个服务的服务交付。

这个角色通常由服务集成商的人员担任。

运营角色示例

以下 5.7.1 ~ 5.7.3,提供了在 SIAM 生态系统中流程论坛和工作组的一些示例。这些示例可以作为 SIAM 模型中其他流程论坛和工作组的设计基础。

5.7.1 知识管理论坛

知识管理论坛由服务集成商知识管理流程负责人主持并管理。

这是一个定期论坛,对整个生态系统中知识管理的绩效和有效性进行审议和评估。

5.7.1.1 典型成员

知识管理论坛的成员可包括:

- 服务集成商知识管理流程负责人(主席);
- 服务提供商知识管理流程负责人/流程经理;
- 服务集成商服务经理(根据需要);
- 领域专家(根据需要);
- 客户代表(根据需要)。

5.7.1.2 典型频度

流程论坛通常每月举行一次。

5.7.1.3 典型职责

知识管理论坛的职责可包括:

- 审核使用中的知识文章的准确性和时效性。
- 根据服务台收到的重复故障或请求,确定需要新增的知识。
- 准许服务提供商配合识别可以在服务台或自助系统解决的,而不必提交给二线团队的故障类型,改进最终用户体验。

5.7.2 持续改进论坛

持续改进论坛由服务集成商主持并管理。

这是一个由所有服务提供商和客户共同参与的跨生态系统的论坛。成员可以提出、讨论并就改进议案达成共识。例如，探讨节约成本或改善客户体验的方法。

5.7.2.1 典型成员

持续改进论坛的成员可包括：

- 服务集成商持续改进流程负责人（主席）；
- 服务提供商持续改进流程负责人/流程经理；
- 服务集成商交付经理/总监；
- 服务负责人；
- 其他流程负责人（根据需要）；
- 领域专家（根据需要）；
- 客户代表（根据需要）。

5.7.2.2 典型频度

流程论坛通常每月召开一次。

5.7.2.3 典型职责

持续改进论坛的职责包括：

- 提出并审议改进意见；
- 评估议案的潜在价值；
- 确定议案的优先级；
- 商定由一个或多个责任方实施改进，这可能涉及跨服务提供商的协作和实施；
- 批准预算支出（这可能需要上报至治理委员会进行审议）；
- 交流商业收益；
- 跟踪改进执行进度和最终结果。

5.7.3 重大故障工作组

重大故障工作组也被称为危机团队、严重故障团队或重大故障桥，由服务集成商担任主席并管理。

该工作组在重大故障发生期间成立，进行协调、应对、促进跨服务提供商的沟通，并定期向客户组织通报最新情况。

重大故障过程中应吸取的经验教训，将在故障管理流程论坛中进行讨论。

5.7.3.1 典型成员

重大故障工作组的成员包括：

- 服务集成商重大故障经理（主席）；
- 服务提供商故障管理流程负责人/流程经理；
- 其他流程负责人（根据需要）；

- 领域专家和技术专家（根据需要）；
- 服务负责人（根据需要）；
- 客户代表（根据需要）。

5.7.3.2　典型频度

当发生重大故障时，如有必要，即可成立重大故障工作组。

5.7.3.3　典型职责

重大故障工作组的职责可包括：
- 协调重大故障的调查并促进解决；
- 协调重大故障中的沟通；
- 鼓励"先解决，后争论"的文化。

5.8　SIAM 生态系统中的服务台

服务台的作用以及它的提供方将因不同的 SIAM 生态系统而异。

由于人员流动率和管理运营费用较高，通常认为服务台适合于从外部采购。但一些公司更愿意由内部提供，或采用混合方式。

在 SIAM 生态系统中，无论服务台是由客户组织、服务集成商还是服务提供商提供的，提供方都将被作为服务提供商进行管理。

在 SIAM 生态系统中，服务台充当"事实的唯一来源"这一角色，提供有关服务绩效的重要管理信息。如果服务台不是由服务集成商提供的，那么服务集成商必须充分利用服务台，并使用服务台提供的服务数据。

对服务台的提供方，一些可能的选择是：
- 客户组织承担内部服务提供商角色，提供服务台和相关工具系统，并根据需要将故障转发给服务提供商。
- 服务集成商提供服务台和相关工具系统。
- 外部服务提供商提供服务台和工具系统，但不提供其他服务。
- 外部服务提供商提供服务台和工具系统，也提供其他服务，这通常与最终用户计算、应用程序或主机托管相结合。
- 不同的服务提供商提供他们自己的服务台和工具系统，服务集成商提供了一个统一的视图。这只有在客户清楚自己该联系哪个服务台以获得支持的情况下才有可能实现。

在大多数情况下，最终用户会联系一个单点服务台，该服务台与相关服务提供商的服务台和支持团队协同工作。最终用户只有一个单一联系点。

服务台的工作人员需要具备与 SIAM 生态系统之外的人员相似的技能，但他们也需要具备：
- 供应商管理技巧；
- 商业意识。

这些技能将使他们能够成功地与不同的服务提供商一起工作，虽然不同的服务提供商有不同的合同、服务目标和职责。

6 SIAM 实践

实践被定义为：一种想法、理念或方法的实际应用或运用，与之相对的是理论。[19]

从 SIAM 的视角来看，只要 SIAM 模式在组织中得到了应用，就符合了"实践"的定义。对于如何应用 SIAM 实践、原则和概念来交付价值，本章举例说明。

SIAM 有四种类型的实践：

- 人员实践；
- 流程实践；
- 评价实践；
- 技术实践。

在本章中，针对每一种类型的实践，将结合某一领域进行阐述，既考虑该领域面临的挑战，又介绍应对这些挑战的工作实践。

所举例的这些实践不应简单地被视为"良好"或"最佳"实践。它们只是用来说明在 SIAM 生态系统中如何开展实践。

例如，在 6.1 中，我们讨论跨职能团队。跨职能团队只是 SIAM 生态系统面临挑战的一个例子，人员实践将有助于应对与跨职能团队有关的挑战。在 SIAM 专业知识体系中，还将对其他挑战和实践进一步详细说明。

SIAM 还借鉴了其他 IT 和管理领域的实践。请参见第 4 章 "SIAM 与其他实践"。

6.1 人员实践：跨职能团队的管理

"为了一个共同的工作目标，一群不同职能的专业人员组成了跨职能团队。他们可能来自财务、市场、运营和人力资源部门。通常，跨职能团队覆盖了组织各级员工。" [20]

SIAM 生态系统和跨职能团队

在 SIAM 生态系统中，跨职能团队的成员来自不同组织和不同 SIAM 层。这些团队被称为"机构小组"。

有三种类型的机构小组 / 跨职能团队：

- 委员会；

19　引自：《牛津英语词典》© 2016，牛津大学出版社

20　引自：维基百科

- 流程论坛；
- 工作组。

在第 1 章 "SIAM 概论" 和第 5 章 "SIAM 中的角色与职责" 中均有相应描述。

📋 案例

在 SIAM 环境中，跨职能团队的例子包括：

重大故障工作组，处理原因不明的故障。团队成员来自服务集成商和多个服务提供商，为了获取一个共同的结果 (故障解决方案)，团队成员需要协同工作，在满足服务要求的同时还需平衡其所在组织的目标。

集成变更顾问委员会，成员来自客户组织、服务集成商和多个服务提供商，共同完成评审、确定优先级、开展风险评估、批准或否决对集成服务的变更等工作。

6.1.1 跨职能团队面临的挑战

与跨职能团队有关的主要挑战包括：

- 相互冲突的目标、组织战略和工作实践；
- 不愿共享知识；
- 缺乏自动化。

6.1.1.1 相互冲突的目标、组织战略和工作实践

在 SIAM 生态系统中，跨职能团队的成员主要来自服务集成商和多个服务提供商，在某些情况下，也包括来自客户组织的人员。当成员必须平衡他们所在组织的目标和跨职能团队的目标时，将带来挑战。

例如，发生重大故障时，某个服务提供商的组织目标可能是首先证明自己对所造成的故障没有责任，然后分配最少的资源以解决问题。

然而，端到端服务的目标可能是首先致力于解决故障，然后再评估导致故障的原因。这要求服务提供商采用 "先解决，后争论" 的方法，这可能与单个组织的目标相冲突。

组织战略和工作实践之间的差异也会对跨职能团队的绩效产生影响。

例如，技术组织可能会优先解决故障，然后再与客户沟通。但在 SIAM 生态系统中，他们可能必须优先考虑与客户沟通，再进行服务恢复。

6.1.1.2 不愿共享

SIAM 生态系统中的服务提供商和服务集成商需要共享信息，并在人员、流程和技术层面开展合作。

一个有效的 SIAM 生态系统，既要包含服务改进的目标，也要包含服务交付的目标。

为了有效开展创新和提升服务交付能力，服务提供商和服务集成商需要协同工作。有些组织可能不愿意这样做，因为他们认为这是与竞争对手共享他们的知识产权。

6.1.1.3 缺乏自动化

对跨职能团队来说，自动化程度不足、工具系统低效是一个挑战。在使用多个工具系统的

情况下，工具系统之间难以集成也是一个挑战。

这里的问题可能包括：

- 无法评价端到端的团队绩效。
- 无法轻松实现团队间的信息共享。
- 将数据输入多个工具系统中而导致的重复工作("转椅"方式)。
- 降低了识别改进模式或改进机会的可能性。
- 降低了工作流的自动化程度，导致工作流中断、延迟，或无法监测。

6.1.2 管理跨职能团队的实践

为了支持跨职能团队的有效管理，服务集成商和客户需要考虑：

- 角色与职责；
- 清晰的愿景与目标；
- 知识、数据与信息；
- 沟通；
- 工具系统集成。

6.1.2.1 角色与职责

在 SIAM 路线图的探索与战略阶段，为定义角色与职责而明确原则与政策，将更好地为跨职能工作奠定基础。

所有相关方都清楚地了解谁是利益相关者，从而支撑跨职能团队内部的沟通。

RACI 矩阵是对跨职能团队进行角色与职责定位的一个有用的工具。

📖 **术语**

RACI 矩阵

RACI 矩阵用于管理一项活动或任务交付过程中所需的资源和角色，可用来标识流程或功能交付过程中的所有参与者。

资源可以来自不同的职能领域和组织，因此运用 RACI 矩阵可以跟踪哪个角色在做什么，确定他与其他角色的接口和衔接关系。RACI 矩阵为 SIAM 生态系统中不同团队的角色提供了清晰的对应关系。

RACI 首字母分别代表职责（Responsible）、问责（Accountable）、咨询（Consulted）和知会（Informed）。

在 RACI 模型中，承担一定职责的角色可能有很多。他们是将要完成实际任务的工作者，并向问责方汇报进度。

一个任务中只有一个角色可能被问责。在任务中被问责的角色具有全面的授权，但他可能不会亲自去完成具体的工作。

有时为了完成任务需要咨询某些角色。这些角色可能是组织内掌握特定知识的人，也可能是一个文档库，甚至是互联网搜索引擎。需要跟踪这些资源，以确保它们在需要时可用。

需要知会的角色是利益相关者，他们需要精确地跟踪和了解任务是如何开展的，或者他们可能需要掌握活动的输出结果。例如，作为项目的一部分，客户组织中的项目发起方通常会收到进展情况的报告。

建立一个 RACI 矩阵，需要遵循下列步骤：

- 确定活动；
- 确定角色；
- 分配RACI代码；
- 标识需要解决的空白或重叠之处；
- 分发图表并收集反馈；
- 部署到所有相关方；
- 监督角色；
- 根据反馈和实践进行改进或变更。

6.1.2.2　清晰的愿景与目标

除了清晰地理解角色与职责以外，SIAM 生态系统中的各相关方还要明确愿景和目标：

- 客户将定义服务战略目标。
- 目标将体现于合同和服务协议中。
- 服务集成商将与服务提供商共同开展以下工作：
  - 制定推动流程执行的流程愿景和目标；
  - 制定符合合同和服务协议的运营级别协议或目标。

每一个服务提供商都有可衡量的服务目标需要努力去实现，这一点很重要，同时这些目标也需要成为端到端绩效管理与报告框架的一部分。反过来，这又为实现服务目标、商业收益或业务价值提供了明显的证据。

如果对价值或端到端指标没有进行明确的定义和清晰的沟通，服务提供商可能只专注于自己的绩效，而不会关注端到端的全局视图。

在某些情况下，服务提供商未达成某个领域目标也许是可以接受的，因为这意味着他可能在另一个不同的领域实现了目标。当个体目标与端到端服务目标发生冲突时，服务集成商可以帮助服务提供商确定优先级。

6.1.2.3　知识、数据与信息

跨职能团队需要访问共享的知识、数据与信息。

如果无法共享或难以获得，那么：

- 团队成员会浪费时间重新学习或重新创建这些内容；
- 针对服务问题和客户联系人的管理，可能存在不一致的方式；
- 工作不会以最有效的方式进行；
- 各方可能各有不同的"真实版本"。

服务集成商需要制定知识管理战略和政策，明确知识的收集、处理、展示、管理和删除等

环节的治理要求。

服务集成商还将确保所有服务提供商都能访问他们需要的知识，而这些知识属于共享知识库的一部分。所有服务提供商都应该为这个共享知识库做出贡献，让所有其他相关方受益。

检查需要到位，以确保知识是最新的、相关的和能投入使用的。

6.1.2.4 沟通

服务集成商和服务提供商需要定期沟通，努力建立关系和信任。作为角色与职责定义的一部分而开发的RACI矩阵，对在沟通中定义"谁（Who）""什么（What）""何时（When）""何处（Where）""如何（How）"以及"为什么（Why）"非常有用。

沟通计划非常重要，可以确保：

- 明确所有利益相关者及其沟通需求；
- 所有利益相关者都能进行适当级别的定期沟通，例如通过会议向各级汇报；
- SIAM生态系统每一层的沟通都在正确的级别上进行；
- 在所有服务提供商之间的沟通是一致的；
- 选择有效的沟通渠道，以确保时效性，促进关系的建立，以及为执行和访问提供便利。

在SIAM生态系统中发挥各种机构小组（包括委员会、流程论坛和工作组）的作用，将有助于建立良好关系和鼓励跨职能开展工作。

虚拟团队

在SIAM生态系统中，团队成员可能分布于不同的地理位置，这被称为"虚拟团队"。

团队中的资源也可能服务于多个客户。例如，服务提供商的技术支持人员可能参与多个SIAM项目。

服务集成商需要认真思考如何协调这些团队内部的沟通。如果团队既是虚拟的又是跨职能的，则需要更多的关注。

虚拟团队需要在团队成员之间建立关系。如果成员之间没有定期的面对面接触，这将是一件难事。建议至少有一次面对面的沟通，让团队成员相互了解，培养信任，建立良好的工作关系。

可以使用工具支持虚拟团队的沟通，例如通过视频会议、社交媒体和聊天工具。

6.1.2.5 工具系统集成

对于跨职能团队，将工具系统集成起来会节省时间和资源，减少出错的可能性，还可以支持工作流的自动化。

对工具系统的集成将减少数据的重复录入和转换，从而减少信息出错的概率和团队之间的摩擦。

6.2 流程实践：跨服务提供商的流程集成

在本书中，流程是指执行一系列任务或活动的可记录、可重复的方法。

📋 **案例**

SIAM 环境与流程集成

在 SIAM 环境中，流程必须在包括服务提供商、服务集成商的多方之间有效且高效地运行，有时也包括客户一方。

例如，变更管理流程涉及与变更有关的所有服务提供商，对集成服务的变更负责的是服务集成商。

变更管理包括变更的记录、评估、优先级确定、计划、批准以及实施后的审查。

服务提供商和服务集成商，甚至客户都会参与其中，这就需要一个跨各方的变更管理流程的集成。

6.2.1 跨服务提供商流程集成面临的挑战

与跨服务提供商流程集成有关的挑战包括：

- 服务提供商未进行流程集成，没有共享流程细节；
- 流程活动之间存在缺口；
- 手工报告耗时耗力；
- 服务提供商之间的糟糕关系/责备文化。

6.2.1.1 服务提供商未进行流程集成，没有共享流程细节

在 SIAM 生态系统中，数据与信息必须在各方之间流转，这并不意味着所有相关方必须使用相同的流程。然而，为了交付预期的结果，每个服务提供商必须与服务集成商协同工作，确保自己的流程能有效衔接。

这就要求服务提供商、服务集成商和客户的流程保持一致并进行集成。SIAM 生态系统中的某些服务提供商可能不愿意或者无法进行必要的调整来支持流程的集成。

如果结果和绩效符合预先设定的目标，这种情形也许是可以接受的。在设计流程集成时，应该考虑到这种情况，否则将可能导致：

- 对结果产生不利影响；
- 无法达到端到端的服务级别；
- 集成流程的运行效率低下；
- 不可预见的涉及服务集成商的额外开销；
- 信息传递不畅。

例如，考虑一个包含基于云的商品化电子邮件服务的场景。

该服务提供商在自己的网站上发布变更计划和服务中断的消息，不会直接通知给服务集成商，不会请求服务集成商对变更进行批准，不会邀请服务集成商参加任何变更管理会议。服务集成商必须定期检查该服务提供商的网站。如果变更会影响其他服务提供商和客户，则由服务集成商通知他们。

6.2.1.2 流程活动之间存在缺口

当流程流中存在缺口或衔接不上时，流程集成失败。

这也许是一个简单的动作导致的。例如，对于一个故障的处理，在队列中被指派给某一个服务提供商，但没有被接收，从而造成客户停机时间延长。通常是在流程绩效目标未实现时，例如，错过了解决故障的时机，才会发现缺口。

在规划与构建阶段就必须发现并解决这些缺口，持续进行改进。对流程流和 RACI 矩阵（参见 6.1.2 "管理跨职能团队的实践"）进行开发和协定，将有助于识别和避免这些缺口。

在服务集成商的保证活动期间，也应该对缺口进行识别。

6.2.1.3 手工报告耗时耗力

不同的提供商使用不同的流程，因此他们可能使用不同的工具系统。这可能会影响对端到端流程绩效进行监测与报告的能力，影响监测与报告的有效性和效率。

如果在规划与构建阶段没有意识到这个问题，没有进行有效管理，那么，针对端到端流程的监测与报告将会耗时耗力。在设计活动时必须考虑到这一点，以确保信息产生的价值和收集处理它们所花费的精力是匹配的。

6.2.1.4 服务提供商之间的糟糕关系 / 责备文化

流程集成的成功取决于所有相关方对流程集成的设计、执行和改进的贡献。如果服务提供商与其他服务提供商或者与服务集成商的关系很糟糕，那么他就不太可能做出这种贡献。

服务提供商需要采取"先解决，后争论"的心态来处理问题。这需要有一个"不责备"的文化来支持，这样服务提供商才愿意公开自己的错误，而不会试图去隐藏它们。

"不责备"文化需要从客户开始培育，然后由服务集成商不断进行强化，从而形成一个协作的氛围。这将有助于建立必要的良好关系。

6.2.2 跨服务提供商流程集成的实践

跨服务提供商流程集成的实践包括：

- 关注流程结果；
- 持续进行流程改进；
- 建立流程论坛。

除了这些实践之外，在 6.1.2 中提到的 RACI 矩阵也有助于明确在每个流程活动中每个利益相关者的角色与职责。

6.2.2.1 关注流程结果

服务集成商要清楚流程预期交付的结果，并把相应的信息传达给服务提供商，以便他们都了解自己在流程中的角色与职责。

最好是先明确结果再启动工作。不要从较低层级的步骤和活动开始，并期望把它们能融合到一个流程中。对每一个涉及多个相关方的流程，记录以下条目并理解其内容：

- 输入；
- 输出；
- 结果；
- 交互；

- 依赖关系；
- 控制；
- 数据与信息标准；
- 流程步骤；
- 流程流。

RACI 矩阵作为一种通用的、被广泛理解的技术方法，有助于把这些内容形成文档。

当流程运行良好时，对积极的结果进行认可和表彰是很重要的。

6.2.2.2　持续进行流程改进

所有流程都应该接受审查并制定改进措施。持续改进可以在以下多个层面开展：

- 在负责流程准备和执行的每一个环节；
- 在流程级，例如通过流程论坛或流程负责人。

以上层面的流程改进均应纳入由服务集成商执行的全流程改进计划中。当改进依赖于流程以外的资源，或可能产生显著的有益影响时，这一点尤为重要。

每个流程都会有一个流程负责人，负责端到端流程的持续改进。服务集成商对流程改进负最终责任。

通常在流程论坛，根据商定的机制对流程改进进行评估、论证和批准。实施改进之后，应该对效果进行跟踪，以确保改进目标成功实现。在 SIAM 生态系统中开展流程改进比在单个组织中进行的流程改进更具挑战性。

6.2.2.3　建立流程论坛

在 SIAM 模型中，流程论坛是一种机构小组类型。通过流程论坛，把来自服务提供商和服务集成商的流程负责人和从业者会聚在一起，目的是对流程活动进行协同设计和改进，以支持端到端的交付。

流程论坛的主要工作包括：

- 定义数据与信息标准；
- 识别需改进的流程并管理流程改进；
- 开发和共享良好实践；
- 共享信息；
- 评估并提升能力与成熟度。

对于在各方之间建立关系和信任，流程论坛起到了非常重要的作用。在 SIAM 生态系统中，可以为一个单独的流程、一组相关的流程或一个实践创建流程论坛。

6.3　评价实践：端到端服务的支持报告

端到端服务评价指的是监测实际服务的能力，而不仅仅是监测其中单个技术组件或供应商的能力。有效的评价实践支撑绩效管理与报告框架。

> 📄 **案例**
>
> **SIAM 环境和端到端服务评价**
>
> 在 SIAM 环境中，端到端服务评价的示例可包括：
>
> 因变更失败导致服务停止的比率：基于停机时间（分钟、小时、天）和由变更导致停机的百分比。
>
> 针对已定义目标的服务响应度：基于客户对服务的实际体验，而不仅仅是诸如网速、应用程序响应能力等单个因素。
>
> 在 SIAM 环境中，端到端的评价更为复杂，是因为服务交付涉及不止一家服务提供商。端到端视图由服务集成商根据所有服务提供商的数据整合而来。

6.3.1　端到端服务支持报告面临的挑战

与端到端服务评价有关的挑战包括：

- 缺失战略要求；
- 不愿共享信息；
- 难以映射服务架构或端到端工作流；
- 缺少适量的数据与信息用以评价；

6.3.1.1　缺失战略要求

只有在需要被评价的指标明确后，才能建立起有效的绩效管理与报告框架。

如果对服务的总体战略要求不清楚，那么很难完成一系列有意义的端到端评价与报告。

6.3.1.2　不愿共享信息

服务提供商之间糟糕的关系和竞争性对立会导致他们不愿共享信息。如果服务提供商认为共享的信息将用于对他的惩罚，而不是作为学习和改进的来源，那么他也可能不愿共享信息。

在某些情况下，客户会对服务集成商有所保留。例如，如果服务集成商是一个外部组织，那么客户可能不愿共享一些他认为是机密的信息。

6.3.1.3　难以映射端到端服务架构

很多组织对映射端到端服务感到困难，难以确定哪些事项该进行评价、哪些事项不用评价。因为涉及多个服务提供商和一个分布式架构，所以这项工作很具挑战性。

服务集成商需要映射端到端服务，并与每个服务提供商共同确认端到端服务中的具体评价指标。像 OBASHI 和配置管理等支持实践可为此提供帮助。

6.3.1.4　缺少适量的数据与信息用以评价

有些组织无法采集到足够的数据，而有些组织则采集了过量的数据。

如果数据采集不足，会存在重要信息缺失的风险。如果数据采集过量，又会存在数据分析量过大的风险，也可能导致重要信息遗漏。

报告中应该包含多少信息也是同样的道理。少量信息似乎使报告更容易理解，但可能隐藏了重要信息。大量信息可能造成报告难以理解，使准确地呈现整体视图变得复杂。

搜集适量信息和在报告中使用适量信息，都是挑战所在。一个实用的技巧是在报告中既提供总结性的描述，又提供细节来支持对信息深度的需求。

6.3.2 端到端服务支持报告的实践

端到端服务支持报告的实践包括：

- 建立绩效管理与报告框架；
- 将报告可视化；
- 采用定量和定性方法进行评价；
- 运用敏捷思维。

6.3.2.1 建立绩效管理与报告框架

绩效管理与报告框架提供了一种通过服务评价来组织数据与信息的方法，并将数据与信息和客户的战略要求联系起来。

绩效管理与报告框架创建于路线图的规划与构建阶段。

绩效管理与报告框架可以采用多种方式组织，具体取决于可用的工具系统、战略要求和服务合同。

报告框架结构可能包括：

- 按SIAM生态系统层划分，
  - 服务提供商指标；
  - 服务集成商指标；
  - 客户指标。
- 按类型划分，
  - 人员指标；
  - 流程指标；
  - 技术指标。
- 按层次结构划分，根据需要可扩展或显示更详细的信息，
  - 战略指标；
  - 战术指标；
  - 运营指标。

6.3.2.2 将报告可视化

可视化和易于理解的信息是最有效的。服务仪表盘和记分卡的使用将提升报告的影响力。比起长篇报告，图片更容易理解，但要注意必须清晰地标示每一个可视化内容及其含义。

6.3.2.3 用定量和定性方法进行评价

定量评价以数字来表示并且是基于事实的。例如，在商定时限内解决故障的数量，或未达标数量的降低程度。

定性评价通常是以描述性和非数字的形式呈现。例如，客户满意度调查。

尽管定量的方式使评价和报告相对容易，但它们往往不能准确地反映服务质量。SIAM 的

驱动因素之一是"西瓜效应"：服务提供商的报告显示已实现了所有的目标，但是客户仍然不满意。综合使用定性评价和定量评价将有助于形成一个均衡的观点。应当注意，要确保评价与战略要求和服务目标保持一致。

📖 **术语**

西瓜效应

当一个报告是"外绿内红"时，就产生了西瓜效应。

每个服务提供商都实现了个体目标，但是端到端服务不能满足客户的需求，没有给客户交付一个良好的结果。这也是服务提供商应该关注的问题。

对于服务提供商来说，达成自身目标也许是好事。但是如果客户不满意，彼此是不能保持长期合作关系的。

在这种情况下，目标与业务需求并不一致。

6.3.2.4 运用敏捷思维

利用敏捷技术可以帮助确定报告中呈现的最佳信息量。从选择最少但可行的一组指标开始，在报告中以最少的信息量来评估绩效，而不需要那些不必要的、多余的、重复的内容。

这些报告可以作为讨论和学习的基础，必要的话，再增加更多的评价指标。

先从小的方面入手，再去扩展绩效管理与报告框架，这样做通常是有益的。与评价生态系统中每一个元素的方式相比，这种方式在初始时使用了较少的资源。

有关 SIAM 和敏捷的更多信息，请参阅 4.5 "敏捷，包括敏捷服务管理"。

6.4 技术实践：制定工具策略

工具策略描述的是对支撑 SIAM 生态系统的工具和工具系统的要求。工具策略包括功能性和非功能性要求、需要被支撑的流程、工具系统之间的接口标准，以及未来发展的路线图。

通常，组织更关注的是支持故障管理、问题管理、变更管理、配置管理、发布管理和请求履行等流程的 IT 服务管理工具。而工具策略将在以下方面带来可观的收益：

- 事态管理；
- 事态相关性；
- 软件资产管理；
- 探索；
- 容量、性能和可用性管理；
- 运营风险管理；
- 项目管理；
- 服务绩效报告。

> 🗒 **方法**
>
> ### SIAM 环境和工具策略
>
> 在 SIAM 生态系统中，优化的工具策略有助于服务提供商更好地协同工作，同时还可以：
>
> - 帮助服务集成商获取"实时的"端到端服务绩效视图；
> - 提升工作流效率；
> - 支持数据集成，对由多个服务提供商提供的数据建立聚合的服务视图起到非常重要的作用。
>
> 使用工具有几种可行的方法，在第 2 章"SIAM 路线图"中有具体的内容介绍。目的是在所有工具系统之间进行集成。
>
> 集成依赖于服务提供商和服务集成商之间复杂而精确的数据映射，因此难以实现。在更广泛的技术架构背景下，应该编制工具系统集成需求文档并进行评估。
>
> 在某些情况下，采用复杂性低、精确性低、手工方式多一些的方法（通常是指"松耦合"的数据交换）是可以被接受的。对于时效性至关重要的活动，例如重大故障管理，只能在工具系统之间进行集成（指"紧耦合"的数据交换），此外几乎别无他法。
>
> 对于 SIAM 生态系统中的所有各方而言，集成的工具系统提供了事实的唯一来源，简化了数据传输，简化了报告，提高了准确性。

6.4.1 制定工具策略面临的挑战

与制定工具策略有关的挑战包括：

- 遗留工具效率低下；
- 工具范围定义不清晰；
- 服务提供商不配合或无法配合；
- 架构设计缺失。

6.4.1.1 遗留工具效率低下

客户组织可能会要求服务集成商与 / 或服务提供商使用客户现行的遗留工具。这会导致一些挑战：

- 该工具可能无法支持 SAIM 生态系统中的所有流程。
- 该工具可能不支持流程的集成。
- 该工具可能包含遗留数据，而这些数据难以与新环境兼容。
- 该工具可能与服务提供商和服务集成商的工具系统的接口不匹配。
- 外部服务集成商可能非常不熟悉这套工具。

6.4.1.2 工具范围定义不清晰

SIAM 生态系统中包含很多流程，有些流程是在 IT 服务管理"标准化"流程之外的。

工具策略应覆盖 SIAM 模型中的所有流程。为了使每个流程的功能需求以及整个 SIAM 生态系统范围内的功能需求得以满足，我们应该认识到理想的解决方案也许就是多种工具的混合使用。

工具系统也需要支撑端到端的流程控制，而不是仅仅停留在运营执行层面。现在，越来越多的工具供应商正在开发能够支持 SIAM 生态系统的新功能。

6.4.1.3　服务提供商不配合或无法配合

如果工具策略要求各方都使用相同的工具系统，一些潜在的服务提供商可能不愿意加入 SIAM 生态系统。

如果工具策略要求服务提供商将他们的工具与服务集成商的工具系统进行集成，有些服务提供商可能不愿意或者不能通过配置实现集成。例如，商品化云服务提供商可能无法灵活地调整其工具。

在 SIAM 路线图的探索与战略阶段和规划与构建阶段，应仔细考虑工具策略，因为工具策略与 SIAM 结构、SIAM 总体模型相互影响、相互依赖。此外，还必须考虑数据与信息标准。

一旦双方达成共识，就应在与服务提供商和外部服务集成商的合同中体现出对工具策略的要求，这是因为，如果一个服务提供商不符合要求，就可能造成服务提供商之间难以对接，导致跨提供商流程执行的低效和生成报告的低效。

6.4.1.4　架构设计缺失

在 SIAM 生态系统和各种服务中，如果缺失了企业架构和技术架构的设计，那么会给选择工具系统以及定义工具系统之间的接口带来难度。

架构文档包含以下内容：

- 应采用基于角色的访问控制方式，解决数据主权/开放范围的问题。例如，服务提供商之间不可以互相看到对方的目标和绩效。
- 确保具有稳健的数据集成能力。一些组织通过在技术架构中建立"企业服务总线"或消息引擎来满足这个需求。
- 需要对所有数据更新活动进行审核和追溯。
- SIAM生态系统中所有各方都应熟悉工具策略并能有效利用特定工具，这不仅使他们能够开发必要的集成，还可确保员工在使用过程中接受完整的培训。

工具系统的架构必须能够支撑工具策略。

工具系统服务提供商必须成为 SIAM 生态系统中的服务提供商，因为 SIAM 的有效运转依赖于他们的服务。

6.4.2　制定工具策略的实践

与制定工具策略有关的实践包括：

- 确定技术策略，描绘路线图；
- 采用业内标准的集成方法；
- 明确数据和工具系统的所有权；
- 便捷地增减服务提供商；
- 采用统一数据字典。

6.4.2.1　确定技术战略，描绘路线图

为了帮助服务集成商和服务提供商理解 SIAM 工具系统应如何进行集成以及将如何演进，客户组织需要确定其中应采用的技术战略，并描绘路线图。

同时，客户应明确所有功能性和技术性的要求并进行宣贯，例如，工具系统是否必须符合某些特定的安全要求。

6.4.2.2　采用业内标准的集成方法

对于服务提供商来说，采用业内标准的集成方法可以更容易地在自己的工具与 SIAM 中集成的工具系统之间共享信息。这让建立接口变得简单，并且会降低开发和定制的费用。

在集成方法中，不仅要包含数据传输机制，还应包含问题出现后的错误处理机制。

由于集成存在潜在风险，还要考虑服务连续性要求。应该对产品及其备份以及连续性环境进行测试，确保它们都符合客户提出的功能性和非功能性的要求。

6.4.2.3　明确数据和工具系统的所有权

当选择外部组织担任服务集成商的角色时，在工具策略中必须明确谁对工具系统和其中的数据拥有所有权。

例如，如果工具系统属于外部服务集成商所有，客户需要确保商务关系终止时自己仍然可以访问数据，或者明确在这种情况下该如何迁移数据。

另外，工具系统必须置于变更控制之下，特别是当存在数据集成时。如果某一方对工具系统做出修改，例如对数据字段或者数值进行了更改，那么就有可能对集成数据的完整性造成意想不到的影响。

6.4.2.4　便捷地增减服务提供商

SIAM 生态系统的一个好处是可以方便地增减服务提供商。

工具策略需要支持这一点。

应确保新加入的服务提供商能轻松适应工具系统，包括建立本地工具接口和对员工进行培训。

应确保能够容易关闭退出的服务提供商对工具系统的访问，确保相关数据能够根据需要进行存储、删除或者转移。

6.4.2.5　采用统一数据字典

在使用工具系统的过程中，应强制遵从一个统一的数据字典。这会带来一些好处，例如，针对故障处理的优先级和故障的严重程度能获得一致和相同的理解。

如果一个服务提供商的"1 级优先"事件等同于另一个服务提供商的"3 级严重"事件，将会造成困扰。工具系统中所有的数据字段都应遵从统一的数据字典规范。

数据字典必须在启用 SIAM 模型之前完成编制，因为它支撑着整个 SIAM 生态系统中的数据与信息交换。

必须将采用统一数据字典作为工具策略的一部分，而选中的工具系统必须支持对统一数据字典的使用。

7 SIAM 文化因素

在 SIAM 生态系统中，客户组织、服务集成商和服务提供商之间的关系形成了一个独特的环境。从采购、合同谈判到治理和运营管理，都有针对 SIAM 需要考虑的特定因素。

向 SIAM 转型，文化是必须考虑的因素之一。有效的 SIAM 生态系统建立在有效的关系和适当的行为之上。SIAM 文化需要鼓励和加强这些关系和行为。

SIAM 往往被描述为一种采购战略，但它不止于此。为了交付更好的业务结果，SIAM 不仅涉及采购战略，也涉及服务的持续管理与改进。

为了实现客户的总体目标，在市场其他领域相互竞争的服务提供商必须在 SIAM 生态系统中协同工作。来自客户组织内部的服务提供商，必须与外部服务提供商协同工作。

外部供应商承担服务集成商角色时，会面临一些特定的挑战，因为在他管理之下的服务提供商可能是他的竞争对手。

本章讨论的文化因素包括：

- 文化变革；
- 协作与配合；
- 跨服务提供商组织。

7.1 文化变革

7.1.1 在SIAM环境中，文化变革意味着什么？

一个组织，从内包或传统的外包环境转换到基于 SIAM 的环境，将会经历一个大型的变革和转型过程。如果忽视了变革中的文化管理，可能会对客户组织造成干扰。

采用新的 SIAM 结构会改变客户组织中的内部角色，客户组织的员工可能被调遣给服务提供商或服务集成商。这会对员工的个人发展产生重大影响，他们将会关注自己的角色、职业生涯和技能。

迁移到一个包含多个服务提供商的环境中，客户组织要建立 SIAM 专业知识能力体系，理解生态系统、技术前景、未来的技术路线图和发展战略。有些组织可能已经具备这些专业技能和知识了，但是很多向 SIAM 转型的组织在这些方面是欠缺的。员工不仅要掌握传统的服务管理技能，还需具备商业、合同和供应商管理技能。

管理风格的转变也将带来文化变革。客户需要在执行层而不是运营层对服务提供商进行绩效管理。他的角色是开展公司治理，在必要时介入和解决合同问题。这是从管理活动向管理结果的转变。换句话说，是管理"什么"，而不是"如何"管理。

客户组织需要授权服务集成商在运营层管理服务提供商。这种关系动力学和职责的变化将导致文化变革，并将依赖于文化变革。

对于服务提供商来说，协同工作的要求驱动了文化变革。每个服务提供商都需要与服务集成商、其他服务提供商合作，一起实现共同的目标。

7.1.2　文化变革为什么重要？

没有文化变革，组织变革就不会成功。如果文化和组织行为保持不变，那么新的工作流程和工作方式将不会被采用，预期的收益将不会实现。

针对文化变革的有效管理是 SIAM 转型计划成功的基础，同时也有助于客户留住有技能、有积极性的骨干员工。

7.1.3　文化变革将面临哪些挑战？

与文化变革有关的挑战包括：

- 加入新组织的员工在工作和个人情感方面会有所担忧。在工作方面，他们的角色和技能会有一定程度的不确定性；在情感方面，他们担心这种转变可能会对自己的生活和职业生涯产生影响。这可能导致员工离职、缺勤和出现忠诚度问题。
- 如果这些事情在短时间内过多发生，组织可能遭遇变革疲劳，导致无法采用新的行为方式，变革失败的风险将大大增加。
- 人们总是习惯于使用旧的流程或回到过去的工作方式。在SIAM生态系统中，要求每一个利益相关者强化行为，这非常重要。例如，在服务提供商层，应鼓励员工与服务集成商联络，而不是与客户联络。
- 如果变革受到严重干扰，影响服务交付，那么对客户组织自身的业务可能会产生负面影响。

7.1.4　如何解决这些问题？

这些文化问题可以通过以下几种方式解决，包括：

- 从组织、团队和个人层面，针对SIAM模式及所有相关角色与职责，给出清晰的定义。
- 从客户的视角来看，
  - 实施良好的业务变革或组织变革管理流程，制订计划，加强沟通，防止错误信息和谣言的传播；
  - 为了增强对成功的信心，在SIAM路线图的各个阶段实施项目群管理，对进度进行跟踪，确定在哪个环节应该进行路径修正；
  - 考虑聘请外部咨询顾问来提供指导，听取他们客观的建议和意见；
  - 了解需要哪些保留能力，并制订相应的计划，确保有技能的人员留在相应的岗位上；

- 从客户和服务集成商的视角来看，实现一个强大的总体治理结构，不仅仅需要理论知识的指导，更需要流程实践的支撑；
- 从服务集成商和服务提供商的视角来看，需要将自己的沟通计划与整体的沟通计划保持一致，并对沟通的有效性进行评价；
- 从服务提供商的视角来看，需要对即将合作的组织进行了解，了解他们打算如何协同工作，同时对在SIAM环境中所要求的协作程度做出承诺。

7.1.5 文化变革与SIAM结构

在不同的 SIAM 结构中，与文化变革有关的注意事项如表 10 所示。

表 10 文化变革与 SIAM 结构

外部来源结构	• 作为向 SIAM 转型的一个举措，会将员工从客户组织调遣到另一个组织中去，这是外部来源结构面临的关键挑战，需要对员工在工作和个人方面所受到的影响进行考虑和管理。
内部来源结构	• 为了实现有效的文化变革并成功转型到 SIAM，客户组织需要有技能的人员。组织内可能缺乏这些人员，而且难以招募。
首要供应商结构	• 与外部来源结构类似，作为向 SIAM 转型的一个举措，会将员工从客户组织调遣到另一个组织中去，这也是首要供应商结构面临的关键挑战。需要对员工在工作和个人方面所受到的影响进行考虑和管理。
混合来源结构	• 混合来源结构的关键挑战是，角色与职责的混淆可能会使来自客户组织的员工难以改变他们的行为。如果在服务集成商层没有明确定义客户和外部组织之间的接口，就会出现这种情况。员工需要清晰界定自己的角色和作为服务集成商人员的角色。

7.2 协作与配合

7.2.1 在SIAM环境中，协作与配合意味着什么？

在很多情况下，向 SIAM 转型意味着为了给客户交付结果，已经习惯于互相竞争的服务提供商必须协同工作。通常，这需要思维模式的转变。服务提供商之间必须互相合作，从竞争关系走向协作关系。

在没有服务集成的外包环境中，服务提供商可能会追求各自的目标。孤岛和责备文化是司空见惯的。在 SIAM 生态系统中，关注的重点是关系（特别是跨供应商关系）、治理控制和对共同目标的追求，而不是每一个特定的组织所要实现的目标和所能达到的服务级别。

在 SIAM 生态系统中，服务提供商应适应一种全新的工作方式，把竞争的想法放在一边。客户和服务集成商也需要明确自己的角色与职责范围。所有组织都可能以全新的方式工作。

协作与配合中的文化因素包括：

- 先解决，后争论：当存在影响服务的问题时，服务提供商之间需要协同工作，不相互责备，不推卸责任。
- 服务集成商代表客户，有指导、决策和治理的自主权。对此，服务提供商必须接受，不得暗中反对。

- 从客户的视角来看，客户需要授权服务集成商管理服务提供商，不去干涉，不做重复工作。
- 营造一种专注于业务结果、聚集于客户，而不是侧重于每个服务提供商合同和协议的氛围。

7.2.2 它为什么重要？

在 SIAM 生态系统中，服务集成商通常与服务提供商没有合同关系，但的确需要服务集成商代表客户对服务提供商进行管理和行为治理。

如果生态系统中的各相关方不打算协作，服务集成商将无法有效地控制服务交付。

例如，假设出现了重大故障，如果服务提供商既不提供信息，也不配合调查，那么对服务集成商而言，在服务目标范围内对故障进行端到端的管理将非常困难。

7.2.3 将面临哪些挑战？

与协作与配合有关的挑战包括：

- 从服务集成商的视角来看，服务提供商绕过他直接面对客户是一个挑战。客户需要强化正确的沟通路径来支持服务集成商。服务集成商需要建立与服务提供商的关系并重新确定正确的工作方式。
- 从服务提供商的视角来看，
  - "先解决，后争论"被滥用，从而导致额外的成本，如果客户或服务集成商找到了问题的根源却没有纠正问题，那么服务提供商就必须反复处理这些问题；
  - 不愿与其他服务提供商协作或共享。
- 信任是协作与配合的关键成功因素。必须建立和维护服务提供商（可能其中有一些是内部的，有一些是外部的）之间的信任、服务提供商和服务集成商之间的信任，以及服务集成商和客户之间的信任。
- 在包含内部和外部服务提供商的SIAM生态系统中，内部服务提供商是客户组织自身的一部分，他们可能不愿意与服务集成商和外部服务提供商协作，也可能缺乏成熟的交付能力，因此配合度较差。
- 在包含内部和外部服务提供商的SIAM生态系统中，内部服务提供商没有必须进行配合的合同约束。

7.2.4 如何解决这些问题？

这些文化问题可以通过以下几种方式加以解决：

- 对所有相关方，
  - 所有相关方在SIAM生态系统中协商创建一个"行为准则"或"俱乐部规则"协议，这些行为准则对日常行为进行规范，例如员工在会议中应该如何表现，他们应始终保持专业和礼貌的行为，出席论坛并做出有效的贡献（参见7.2.4.1）。

- 就当事各方如何协同工作的细节，在每个合同中附加合作协议，或在合同签订之后当事各方为此达成一致（参见7.2.4.2）。

■ 针对服务集成商和每一个服务提供商，使用运营级别协议（OLA）将服务目标和服务协议分解成更多细节，帮助他们理解自己的角色，明确在生态系统中与其他相关方的接口，了解何时需要协作与配合（参见7.2.4.3）。

7.2.4.1 行为准则的示例

行为准则（或"俱乐部规则"）文件不是合同协议。它提供了高级指导，描述了在 SIAM 生态系统中各方如何协同工作。例如，准则中可能强调在会议中的某些行为是否不可接受。据此，所有各方都可以互相追责。

一般来说，行为准则不会是正式文件，通常十分简短，往往只有一页。如有需要，可包括以下内容：

■ 标题页；

■ 文件控制标签，包括作者、日期、状态、版本、修改记录等；

■ 内容；

■ 简介和文件目的；

■ 文件受众范围；

■ 有效性；

■ 批准人/签发人。

建议的关键内容是：

合作目标

■ 预期的业务结果是什么？

■ SIAM生态系统要求交付什么？

例如：

■ 更高的性价比；

■ 更高的效率和成本效益；

■ 更大的灵活性，以应对不断变化的业务需求。

合作精神

■ 各相关方秉承什么样的价值观？

例如：

■ 保持专业精神；

■ 像一个团队一样协同工作；

■ 分享知识和想法；

■ 拥抱变化；

■ 客户优先；

■ 礼待他人。

7.2.4.2 合作协议示例

一份有效的合作协议将有助于建立一种基于协同工作来交付共享结果的文化，而不需要经常引用和参考合同条款。

合作协议应该谨慎使用。协议应该阐明服务提供商期望与其他服务提供商或与服务集成商如何进行合作，以及合作的意图。

合作协议应该包括足够的细节以避免歧义，并且能够在服务提供商尚未意识到特定的合作要求时，减少将来发生争议的可能性。例如包含以下内容："应在流程论坛中发挥积极作用"。

某一方可能会违背合作协议，所以必须对届时将采取的补救措施有所考虑。合作协议是客户合同的一个组成部分，但为了真正有效，各方应将合作协议视为 SIAM 文化的一部分，而不是将其视为合同要求。

典型的合作协议将包括以下内容：

- 标题页；
- 文件控制标签，包括作者、日期、状态、版本、修改记录等；
- 内容；
- 简介；
- 文件目的；
- 文件受众范围；
- 有效期；
- 终止条款；
- 行为要求（例如，避免不必要的重复工作，不要阻碍其他服务提供商，不要向其他服务提供商隐瞒信息）；
- 支持协作的机制（例如，承诺支持流程论坛，对流程和服务交付进行审查、改进和开展创新；承诺按照服务集成商的请求对问题进行会审，共同解决问题和挑战；承诺参与审查与保证活动）；
- 支持协作的相关工具系统；
- 预期协作领域（例如，对提议的变更进行审查，调查故障，加盟工作组，创新）；
- 各方之间的依赖关系；
- 任何非财务/非合同补救措施（例如，一个或多个服务提供商与服务集成商和客户达成共识，采取行动解决问题，而不是违背合同条款并接受经济处罚）；
- 变更控制；
- 争端解决和升级点。

7.2.4.3 运营级别协议示例

通过运营级别协议 (OLA)，服务集成商可要求服务提供商把服务目标分解为更加详细的内容。协议包括支持整个生态系统中有效集成和交付的指南和通用工作方式。虽然 OLA 的内容本身不属于合同规定的义务（所有合同均由客户组织持有），但它们应该是被记录和控制的正式协议。

OLA 支持端到端的服务交付。例如，针对优先级为一级的故障，端到端故障管理可能要求解决时间是 4 个小时。在 OLA 中，服务提供商可能会接受一个 30 分钟的目标，在这个时间内，要么承接故障处理，要么将信息传递给其他的服务提供商。

在 SIAM 生态系统中，对每个服务及其相关目标进行充分定义是很重要的。OLA 支持这个定义并提供控制和可见性。OLA 由服务集成商进行准备，并征求了服务提供商的意见。在 OLA 中，针对服务提供商的条款必须经过服务提供商同意。OLA 支持客户组织的总体目标，但是客户组织可能对文件的细节并未关注。

还可以在两个或多个服务提供商之间签订 OLA，以便于就他们如何协同工作达成共识或添加一些细节。

运营级别协议应该包括以下内容：

- 标题页；
- 文件控制，包括作者、日期、状态、版本、修改记录等；
- 内容；
- 简介；
- 文件目的；
- 文件受众范围；
- 有效性；
- 批准人/签发人；
- OLA终止规则；
- OLA治理规则和升级标准；
- 审查计划；
- OLA变更管理；
- 服务描述；
- OLA范围内和范围外的活动；
- 依赖服务；
- OLA细节，
  - 服务名称（例如服务台、容量管理），
  - 服务描述，
  - 服务时间，
  - 服务提供商，
  - 服务消费者，
  - 服务结果，
  - 联系人和角色，
  - 各方商定的活动（例如，A方发送一个故障记录给B方，B方确认收到），
  - 服务目标，
  - 衡量可用性、绩效目标等，
  - RACI矩阵；
- 服务边界；
- 质量保证和服务报告；
- 服务审查；
- 术语表。

7.2.5 协作、配合与SIAM结构

在不同的 SIAM 结构中，与协作、配合有关的文化注意事项如表 11 所示。

表 11 协作、配合与 SIAM 结构

外部来源结构	• 内部服务提供商可能不愿意与外部服务集成商合作，不愿意配合。
内部来源结构	• 外部服务提供商可能更愿意协作与配合，因为他将服务集成商视为客户。 • 由于缺乏 SIAM 经验，客户组织可能无法很好地管理服务提供商，这是一个风险。如果服务集成商不能鼓励正确的文化和行为，这将影响协作与配合的程度。 • 如果内部服务集成商被认为以不同的方式对待内部服务提供商，可能导致外部服务提供商减少与其协作与配合。 • 内部服务提供商可能不愿意与内部服务集成商合作，不愿意配合。
首要供应商结构	• 内部服务提供商可能不愿意与外部服务集成商合作，不愿意配合。 • 如果首要供应商在其服务集成商的角色中被认为偏袒于自己的服务提供商，可能导致其他服务提供商减少与其协作与配合。
混合来源结构	• 需要明确客户作为服务集成商的角色与职责，明确第三方服务集成商的角色与职责。如果服务提供商不能理解这个结构和职责边界，那么他们将很难进行协作。 • 因为混合来源服务集成商存在外部元素，所以，内部服务提供商可能不愿意与其合作，不愿意配合。

7.3 跨服务提供商组织

本节仅仅讨论针对跨服务提供商组织的文化因素。 关于跨职能团队管理和冲突管理的更多细节，请参阅 6.1 "人员实践：跨职能团队的管理"。

对涉及多个服务提供商的某个服务进行管理，应考虑相关的文化因素。

7.3.1 在SIAM生态系统中，跨服务提供商组织意味着什么？

SIAM 生态系统中可能包括一个内部服务集成商，或者一个混合服务集成商，或者一个外部服务集成商，或者一个首要供应商服务集成商，再加上多个内部或外部的服务提供商。

每个服务提供商都有自己的战略、目标和工作方式。客户组织并不总是有能力（或意愿）要求所有服务提供商都遵循一个通用的流程或使用相同的工具系统。然而，他们的确要求所有服务提供商都必须接入端到端的服务管理流程，并进行集成。

从文化的视角来看，跨服务提供商组织要求服务提供商以适当的行为和态度来支持客户组织，帮助客户实现目标，而不只是关注自身的目标。

7.3.2 跨服务提供商组织为什么重要？

成功的跨服务提供商组织支持端到端的服务交付。这从客户组织开始，客户需要向 SIAM 生态系统中所有的服务提供商描绘一个关于成功的清晰愿景。

愿景需要宣贯到所有层级和整个生态系统中，并在以下方面保持一致：

- 战略；
- 目标；
- 流程：这并不意味着排斥服务提供商使用他们自己的流程和程序，而是确保总体的端

到端流程能够集成，可被管理，能够驱动正确的结果。

7.3.3　跨服务提供商组织将面临哪些文化挑战？

与跨服务提供商组织有关的一些文化挑战包括：

- 客户的保留职能可能会扮演回原来的角色并参与交付，而不是把重点放在公司治理和自身的业务目标上。这种情况会造成混乱和重复，导致服务提供商、服务集成商或客户无法有效工作。
- 服务提供商专注于自身的目标，而忽视了端到端的服务目标。
- 服务提供商没有建立协作文化，没有与生态系统中的其他相关方共享创新和潜在的改进成果。
- 服务集成商不能平等地对待服务提供商，可能导致服务提供商不满和解约。
- 如果端到端服务管理流程和工具没有很好地接入服务提供商一端，那么服务集成商的角色就变得更具挑战性。例如，监测、报告、评价都会变得低效。

7.3.4　跨服务提供商组织如何解决文化问题？

文化问题可以通过以下几种方式加以解决，包括：

- 对所有相关方，
  - 在整个供应链上建立一致的合同目标/服务级别协议和相同的绩效评价/关键绩效指标，让所有服务提供商感到他们之间是平等的，不会处于不利地位；
  - 开展绩效评价，对与其他相关方的合作以及共享创新行为进行鼓励；
  - 跨服务提供商的流程必须基于所有各方都能理解的通用语言。
- 从客户的视角来看，需要赋予服务集成商所有权、相关职责和问责权。
- 从客户、服务集成商和服务提供商的视角来看，对成功要进行肯定，对突出的服务绩效、交付和创新要进行表扬，对理想的行为要进行强调和表彰。
- 建立"标杆"流程论坛，由服务集成商和所有服务提供商安排代表参加，探讨如何改进端到端流程、工具、接口和集成的有效性。

7.3.5　跨服务提供商组织与SIAM结构

在不同的 SIAM 结构中，与跨服务提供商组织有关的文化注意事项如表 12 所示。

表 12　跨服务提供商组织与 SIAM 结构

外部来源结构	· 如果外部服务提供商把外部服务集成商视作竞争对手，将不愿意分享合作信息。
内部来源结构	· 内部服务提供商可能不愿意与外部服务提供商合作和进行集成。
首要供应商结构	· 既作为服务集成商又作为服务提供商的外部组织可以被看作是客户的"宠儿"。如果其他服务提供商觉得他们受到不公平对待，他们将很难协同工作。
混合来源结构	· 有效的跨服务提供商组织需要来自客户和服务集成商的明确指导。如果没有对混合服务集成商的角色进行明确定义，则不能很好地通过会议和结构对跨服务提供商组织进行支持。

8 挑战与风险

应用 SIAM 模式意味着必须进行组织转型，这将涉及变革，会对人员、流程、技术和它们之间的接口产生影响。

正如每一次组织变革所经历的那样，会面临诸多挑战。这些挑战可能会对向 SIAM 转型产生重大冲击，组织要齐心协力去克服。

每一项挑战都伴随着风险，组织要使用风险管理方法进行记录、评估、管理和（适当的）缓解。克服挑战，规避与之相伴的风险，这些都需要花费时间和运用资源。而所需时间和资源的多少，由挑战与风险的影响程度决定。

每一个打算运用 SIAM 的组织都应该考虑本章所描述的挑战与风险。不是每一次 SIAM 转型都会遇到这些挑战与风险，但它们可以为 SIAM 规划提供有用的输入。

8.1 挑战：建立商业论证

为了运用 SIAM，组织必须建立自己的商业论证，内容包括预期收益和成本。

在路线图的探索与战略阶段，并非总能了解全貌，因为一些细节可能要到规划与构建阶段才能确定。但是，在启动实施 SIAM 之前，通常会建立商业论证大纲，然后在整个 SIAM 路线图的各个阶段逐步完善，最终形成一份完整的商业论证。

在商业论证中，应包含组织运用 SIAM 的驱动力，可参考以下五组 SIAM 驱动因素（参见 1.5.2 "SIAM 的驱动力"）进行描述：

- 服务满意度；
- 服务与采购环境；
- 运营效率；
- 外部驱动力；
- 商业驱动力。

商业论证还要阐明组织通过应用 SIAM 模式期望获得哪些收益，包括：

- 对多个服务提供商进行比较，选择最佳服务，降低从单一提供商采购服务的风险；
- 加强增减服务提供商的能力；
- 提高服务质量；
- 提升IT服务所交付的价值。

要想实现这些收益，必须有明确的目标、稳健的计划和有效的管理。

8.1.1　这一挑战将会影响哪些相关方?

这一挑战主要由客户来面对，因为商业论证由客户来建立。有意成为外部服务集成商的组织也要面对这一挑战，因为将由其对服务成本做出合理估算。

8.1.2　这一挑战将会影响路线图的哪些阶段?

早在 SIAM 路线图的探索与战略阶段，这一挑战就开始出现并贯穿路线图的全程。

在探索与战略阶段结束时，需要得到高层支持，以批准建立 SIAM 商业论证大纲，并为下一个阶段分配资源。

在规划与构建阶段结束时，也需要得到高层支持，以对采购进行授权并为后续阶段分配资源。在实施阶段、运行与改进阶段，商业论证将用于验证预期的收益是否被实现。

8.1.3　与之相关的风险

如果没有开展具有足够力度的商业论证，那么就会面临诸多风险，包括:
- 客户组织的高层没有批准向SIAM转型。
- 客户组织的高层批准了向SIAM转型，但是没有分配足够的资源以提供充分的支持。
- 在对预期所要实现的收益缺乏清晰认知的情况下，如果客户组织启动了SIAM转型，这将导致SIAM转型成功与否难以得到验证。
- 因为没有对预期收益进行明确定义，所以计划是否成功无法评价。
- 低估了向SIAM转型的成本，导致没有足够可用的预算来完成转型。

8.1.4　可能的缓解措施

通过以下措施可以减轻风险:
- 分配富有经验的资源来建立商业论证;
- 完成探索与战略阶段、规划与构建阶段的所有活动;
- 将SIAM战略与客户组织的高层战略和目标相结合;
- 识别和定位每一个推动SIAM转型的恰当的驱动因素;
- 随着路线图的演进，尽可能多地添加细节以完善商业论证;
- 识别当前所有效率低下的合同;
- 识别提供了良好价值且具有良好文化契合度的合同;
- 使用已有的行业数据/标杆数据来展示其他组织从SIAM中获得的收益;
- 在商业论证中包含建议使用的SIAM结构和SIAM模型;
- 以文件方式记录预期收益。

8.2　挑战: 控制度与所有权

对于服务、流程、工具和数据，客户应该控制到什么程度? 如果将以上内容委托给服务集成商，客户又能获得哪些收益？在路线图的探索与战略阶段，客户组织需要考虑如何在控制程度与收益之间保持平衡。对此做出的决策将在规划与构建阶段得到确认。

控制程度还取决于环境中的信任度。在 SIAM 生态系统中，各方之间的信任至关重要。缺乏信任会表现为角色和活动的重复，例如客户不断检查服务集成商的工作。客户组织可能无法放弃过去一直进行的活动。

这也可能导致微观管理，例如，对于服务提供商所做的每个变更，服务集成商都会审查其中的每个细节。

所有这些都将增加成本，导致无法实现节约，效率难以提升，还可能导致混乱、不一致、关系糟糕和难以协作。

8.2.1 这一挑战将会影响哪些相关方？

因为客户组织确定了首选的 SIAM 结构和模型，制定了与角色、职责、数据与工具有关的政策，因此这一挑战主要由客户组织来应对。

如果以上问题没有得到解决，那么表明相关职责不够清晰，问责制度不够明确，这将导致针对 SIAM 模型的定义更具挑战性。在这种情况下，服务集成商和服务提供商也需要面对这一挑战。

如果在模型中存在微观管理或信任缺失，将会对客户组织、服务集成商和服务提供商都造成影响。

8.2.2 这一挑战将会影响路线图的哪些阶段？

在探索与战略阶段，需要高层对控制度和所有权进行决策，然后在规划与构建阶段对其进行细化。

通常在 SIAM 成为业务常态之后，即在路线图的实施阶段、运行与改进阶段才会面临这一挑战。

8.2.3 与之相关的风险

如果没有明确定义控制度和所有权，将会面临以下风险：

- 如果客户不准备放弃对服务活动和流程的所有权，将可能无法实现SIAM的预期收益目标，因为服务集成商可能无法发挥作用。
- 由于客户和服务集成商重复进行流程和服务活动，因此组织规模可能超出实际所需。
- 客户组织对服务集成商的工作进行微观管理和检查，浪费了时间和资源。
- 服务集成商提供额外的、不必要的报告给客户，浪费了时间和资源。
- 服务集成商对服务提供商的工作进行微观管理和检查，浪费了时间和资源。
- 服务提供商持续与客户直接交互，因为他们发现客户并不重视服务集成商（或者他们并不信任服务集成商）。
- 如果客户放弃了全部控制权和问责权，服务集成商可能无法得到充分的战略指导，也难以发挥作用。

8.2.4　可能的缓解措施

通过以下措施可以减轻这些风险：

- 在路线图的探索与战略阶段、规划与构建阶段，定义清晰的愿景，选择适当的SIAM结构和模型。
- 确保客户组织理解管理和治理之间的差异，明确哪些活动需要监管、哪些活动需要执行，这将构成治理框架的一部分。
- 在规划与构建阶段，仔细设计SIAM模型，特别是角色、职责和治理框架。
- 实行清晰的数据、工具与流程管理策略。
- 定义流程、工具、数据、信息和知识的所有权。
- 采用分次实施SIAM的方法，建立客户对服务集成商的信任，对控制的程度进行测试（不要太多，也不要太少，恰到好处）。
- 定期沟通，形成乐于改进的文化氛围，对微观管理和重复工作进行识别和讨论。
- 设立有效的机构小组，用以维护关系、促进沟通和建立信任。

8.3　挑战：商业挑战

商业挑战与 SIAM 模型的建立方式以及所选择的结构有关。客户、服务集成商和服务提供商都希望自己能感受到被公平对待，希望自己所期望的能够实现。

如果客户不具备成熟的 SIAM 能力，那么他起草的商业协议可能是不恰当的。

对于现有的服务提供商，可能存在与遗留合同有关的两个挑战：

- 不再适用：在SIAM实施之后，可能有一些遗留合同仍然处于生效阶段。遗留合同中对服务提供商所约定的要求可能无法与新的SIAM模式中的要求保持一致。
- 合同期满：如果在新服务提供商的合同执行之前，原服务提供商的合同就已经到期，服务的连续性可能会受到影响。

必须认识到，那些不会成为未来运营模式一部分的服务提供商，可能难以应对。

8.3.1　这一挑战将会影响哪些相关方？

SIAM 生态系统中的所有各方都可能受到这一挑战的影响：

- 客户需要感受到物有所值。
- 外部来源服务集成商和所有服务提供商都需要赢利，不希望受到在他们看来不公平的处罚。
- 服务集成商和客户需要有一个适当的商业框架来管理和激励服务提供商。

8.3.2　这一挑战将会影响路线图的哪些阶段？

这一挑战将贯穿整个路线图。在路线图的探索与战略阶段，应梳理出那些可能不再适用的合同，同时进行商业决策，在规划与构建阶段补充细节、确定合同。

在实施阶段监测效果，在运行与改进阶段确认必要的活动。

到期合同将会影响规划与构建阶段，也会影响实施阶段。

8.3.3　与之相关的风险

商业风险包括：

- 不切实际的目标和服务级别要求可能导致服务提供商退出生态系统。
- 服务提供商之间缺乏明确定义的边界，当服务失败时认定责任变得困难。
- 服务集成商从SIAM的视角管理服务提供商，但与他们没有直接的合同。除非赋予了适当级别的授权，否则服务集成商可能无法发挥作用。
- 服务提供商强制推行自己的合同，合同中的一些目标可能与端到端的服务要求并不一致（例如，如果服务提供商是一家规模巨大的供应商，他可能有一套自身的服务级别标准）。
- 未到期的遗留合同需要集成到SIAM模型中，这将增加服务集成商的工作量。
- 在基于SIAM的新合同生效前，如果遗留合同到期，将导致服务存在空白期。
- 在向SIAM转型期间，延长现有合同或提前中止现有合同，都会给客户增加额外的成本。

8.3.4　可能的缓解措施

通过以下措施可以降低商业风险：

- 在合同谈判中恰当地运用技巧和经验。
- 定义服务边界和服务交互。
- 在服务提供商合同中注明服务集成商作为客户的代理，被授权依据合同管理服务交付。
- 确保目标和服务级别从上到下分解至服务提供商。
- 确保处罚和服务信用计算正确。
- 合同清晰明确。
- 安排定期审查，评估合同是否按约履行。

对于不再适用的或到期时间尚早的合同，可以通过以下措施降低风险：

- 梳理相关合同的范围，建立一个时间表来显示此风险将持续多长时间。
- 依据现有合同的终止时间，尽可能参考其中最久远的日期，制定向SIAM转型的路线图。
- 与现有服务提供商共享新的SIAM愿景。
- 如果可能的话，重新商定/修订合同，合同中的要求、服务级别协议、评价方式和结束日期都可以修改。
- 调研终止合同所需付出的成本。

8.4　挑战：安全

在转换到SIAM模式的过程中，需要在多个服务提供商之间共享服务数据与信息。安全必须通过角色、职责、沟通和报告融入每一层。

生态系统中存在哪些数据与信息，它们位于哪里，如何管理和保护这些数据与信息，客户组织必须对此有一个清晰的认识。

8.4.1 这一挑战将会影响哪些相关方？

这一挑战将影响客户、服务集成商和服务提供商。每一方都有责任确保服务的整体安全。

8.4.2 这一挑战将会影响路线图的哪些阶段？

如果在规划与构建阶段没有明确定义与安全相关的角色和活动，那么由此所造成的影响，在路线图的后续阶段就会感受到。

最糟糕的情况是，可能需要较长时间才能发现"运行"期间的安全事件，因为没有一方负责监测。响应也可能较慢，因为服务提供商并不清楚每个人员应付的安全责任。

8.4.3 与之相关的风险

与安全有关的风险包括：

- 对客户组织的立法要求和监管责任缺乏了解，对服务集成商和服务提供商如何意识到这一点又缺乏教育。
- 对信息的重要性缺乏了解，也没有商定的信息管理方法。
- 没有在端到端服务中映射数据流，无法确定安全范围内的内容。
- 没有指明和分配安全角色与职责。
- 流程存在不足，缺乏对服务提供商的访问管理，应确保他们只能访问必要的内容。
- 数据隔离无效，特别是服务提供商的商业敏感数据不应被其他服务提供商访问。
- 如果角色不明确，可能会重复分配安全任务，造成资源浪费，任务难以管理，将导致服务不可用和安全缺口的出现。

8.4.4 可能的缓解措施

通过以下方式可以降低风险：

- 建立清晰的安全战略和配套政策，并通过服务集成商向所有服务提供商进行宣贯。
- 使用其他实践方法，例如COBIT和OBASHI，帮助识别信息资产和数据流。
- 设计和实施端到端的安全管理。
- 执行有效的流程，例如访问管理。
- 在增减服务提供商时，梳理并完成安全活动。新加入的服务提供商需要具备足够且有效的访问权限，而退出的服务提供商需要终止访问权限。
- 创建审计和测试计划时间表。
- 鼓励开放文化，使服务提供商有信心分享有关安全缺口的信息。
- 建立安全流程论坛。

8.5 挑战：文化契合度与行为

不同的服务提供商拥有不同的企业文化，这些文化需要在 SIAM 生态系统内并存。

在一个广泛的市场中相互竞争的服务提供商，现在需要协同工作，以实现客户需要的结果。

现有服务提供商可能不愿意为了适应 SIAM 模式而做出改变。当组织发生重大变革时，员工很容易且很愿意回到他们更熟悉的旧的工作方式上去。

这可能意味着实施 SIAM 的预期价值没有得到实现，因为 SIAM 并没有成为"业务常态"或可接受的工作方式。有效的 SIAM 生态系统依赖的不仅仅是合同与协议，还依赖于客户、服务集成商和服务提供商之间的良好关系。

新的服务提供商同样需要具备良好的文化契合度，展示出所要求的行为方式。

8.5.1 这一挑战将会影响哪些相关方？

这一挑战将影响客户、服务集成商和服务提供商。每一方都将在文化变革中发挥作用。为了能成功转换到 SIAM 模式，每一方都应接受所要求的行为方式。

8.5.2 这一挑战将会影响路线图的哪些阶段？

在规划与构建阶段，应初步思考如何应对这一挑战。在实施阶段，问题会增加。在运行与改进阶段，问题可能会恶化。

在实施阶段，SIAM 通常带来新的工作方式。为了应用 SIAM 模型，各方必须协同工作。在运行与改进阶段，SIAM 将成为业务常态。如果关键人员发生了更换或者新增了服务提供商，则需要不断对行为进行审查和回顾。

8.5.3 与之相关的风险

与文化契合度有关的风险包括：

- 服务提供商的工作人员绕过服务集成商直接与客户沟通，反之亦然。
- 一个或多个服务提供商没有充分参与。
- 如果某个服务提供商言行不一，那么各方都会有受挫感。
- 服务提供商无法良好地协同工作。
- 服务提供商未能按照端到端的流程和程序进行交互。
- 服务提供商不能协同工作，导致服务集成商无法履行其职责。
- 服务集成商被认为存在偏见。
- 客户或服务集成商以独断的方式行事，与服务提供商之间没有建立良好的关系。
- 客户和服务集成商没有形成统一战线。
- 文化问题可能导致SIAM的优势不能在客户组织中体现出来。

8.5.4 可能的缓解方法

通过以下方式可以降低风险：

- 意识到文化冲突的风险，在规划中考虑对此进行识别，并根据需要进行干预。

- 在采购过程中评估文化契合度，选择文化适应性良好的服务提供商。
- 定期进行行为审查和审计。
- 奖励良好的行为。
- 鼓励合作文化。
- 使用合作协议（参见7.2.4.2"合作协议示例"）。
- 在客户和服务集成商层展示正确的行为。向服务提供商展示统一战线。
- 在各层持续强化正确的行为。
- 对员工持续进行培训，提高意识。
- 成立SIAM机构小组（委员会、论坛和工作组），建立关系，加强文化。
- 识别利益相关者群体，建立与其中每一方的沟通策略，制订沟通计划，定期进行沟通以维护关系。
- 客户和服务集成商对所能实现的目标保持务实的态度。与服务提供商合作，而不是惩罚他们。

8.6 挑战：衡量成功

为了证明 SIAM 能够交付价值，必须对其进行评价。开发跨多个服务提供商的端到端绩效管理与报告框架，可能是一个重大挑战。

8.6.1 这一挑战将会影响哪些相关方？

客户和服务集成商都面临这一挑战。客户需要证明 SIAM 正在交付价值，服务正在良好运行。服务集成商需要交付端到端报告。

8.6.2 这一挑战将会影响路线图的哪些阶段？

在运行与改进阶段，在 SIAM 成为业务常态的环境下，当客户尝试对 SIAM 的有效性进行评价时，通常会面临这一挑战。

在探索与战略阶段，明确 SIAM 的原始驱动力。应以此为依据，在规划与构建阶段定义评价指标。在改进过程中，需要优化评价指标。

8.6.3 与之相关的风险

与成功进行评价有关的潜在风险包括：
- 评价指标与商业论证中的预期收益不一致。
- 没有针对正确事项进行评价和报告。
- 评价指标过多，浪费了资源，还可能掩盖了重要信息。
- 没有足够的指标来评价所需的信息。
- 无法评价端到端服务。

8.6.4　可能的缓解方法

通过以下方式可以降低风险：

- 建立有效的绩效管理与报告框架。
- 明确界定需要谁评价什么、何时评价、如何评价以及为什么评价。
- 定期审查报告，确认报告仍然适合目标。
- 采用定性和定量相结合的评价方式。

附录

附录 A 术语表

A.1 基本术语表

表 13 对本书中使用的术语进行了定义，包括对"委员会"等常用术语也结合 SIAM 进行了特定的定义。

表 13 基本术语

英文	中文	定义
Aggregation	聚合	称为服务聚合，是指把组件和元素组合起来创建一个组（或服务）。
Board	委员会	委员会在 SIAM 生态系统中履行治理职能，是正式的决策机构，做出决策并对所做的决策负责。委员会是一种机构小组类型。
Business as usual(BAU)	业务常态	事物的正常状态。
Business case	商业论证	对建议的行动方案及其潜在成本和收益的概括论述，用来为决策提供支持。
Capability	能力	做事的才能或力量[21]。
Cloud services	云服务	通过互联网提供的服务，包括软件即服务（SaaS）、基础设施即服务（IaaS）和平台即服务（PaaS）。通常被视为商品化服务。
COBIT	信息与相关技术控制目标	是由国际信息系统审计与控制协会（ISACA）创建的 IT 治理和管理框架。
Code of conduct	行为准则	也称为俱乐部规则，不属于合同协议，它为 SIAM 生态系统中各相关方如何协同工作提供了高级指导。
Collaboration agreement	合作协议	一个相互合作的协议，有助于创建一种协同工作、共同交付结果的文化，使各方在合作过程中无须经常查阅合同。
Commodity service	商品化服务	易于被替换的服务，例如，互联网主机托管是常见的一种商品化服务。

---

21 引自：《牛津英语词典》 © 2016，牛津大学出版社

英文	中文	定义
Contract	合同	两个法律实体之间的协议。SIAM 合同的期限通常比传统的外包合同的期限要短，并且具有推动协作行为和创新的目标。
Customer (organization)	客户（组织）	是 SIAM 的最终用户，正在向 SIAM 转型，把 SIAM 作为其运营模式的一部分。由其委托实施 SIAM 生态系统。
Disaggregation	解聚	将组合分解成组件。
Ecosystem	生态系统	SIAM 生态系统包含三层：客户组织（包括保留职能）、服务集成商和服务提供商。
Enterprise architecture	企业架构	定义了一个组织的结构组成和运营模式，它对当前的状态进行了描绘，并用于支持未来理想状态的规划。
Enterprise service bus	企业服务总线	一种"中间件"，提供把更复杂的体系结构连接起来的服务。
External service provider	外部服务提供商	提供服务的独立的法律实体，不隶属于客户组织。
Externally sourced service integrator	外部来源服务集成商	SIAM 结构类型，提供服务集成商能力的外部组织，由客户委托其来担任该角色。
Function	职能	通常指的是具备特定领域的知识或经验的一个组织实体[22]。
Governance	治理	治理指业务运营、监管和控制应依据的规则、政策和流程（在某些情况下是法律）。在一个业务场景中，可能存在从企业到公司，再到 IT 的多层治理结构。在 SIAM 生态系统中，治理是指对政策和标准的定义和应用，它定义了授权、决策和问责所需的级别并提供保证。
Governance framework	治理框架	内容涉及公司治理要求、客户保留的控制能力、治理机构小组、职责分离、风险、绩效、合同以及争议管理办法等，是客户组织在 SIAM 生态系统中行使和维护权力的参考框架。
Governance model	治理模型	基于治理框架、角色与职责而设计，包括范围、问责机制、职责、会议形式与频率、输入、输出、体系结构、职权范围以及相关政策等内容。
Hybrid service integrator	混合服务集成商	SIAM 结构类型，客户与外部组织协作，共同承担服务集成商角色，提供服务集成能力。
Infrastructure as a Service (IaaS)	基础设施即服务	一种供客户访问虚拟化计算资源的云服务类型。
Insourcing	内包	从组织内部进行采购。
Intelligent client function	智能客户职能	参见"保留职能"。

22　引自：IT 流程 wiki

英文	中文	定义
Internal service provider	内部服务提供商	隶属于客户组织的团队或部门，通常使用内部协议和目标来管理其绩效。
Internally sourced service integrator	内部来源服务集成商	SIAM 结构类型，客户组织承担服务集成商的角色，提供服务集成能力。
ITIL	信息技术基础架构库	ITIL 是全球公认的 IT 服务管理方法，是 AXELOS 有限公司的注册商标。
Key Performance Indicator（KPI）	关键绩效指标	用来衡量服务、流程和业务目标的绩效的指标。
Layers (SIAM layers)	层（SIAM 层）	SIAM 生态系统分为三层：客户组织（含保留职能）、服务集成商和服务提供商。
Lead supplier service integrator	首要供应商服务集成商	SIAM 结构类型，服务集成商的角色由外部组织承担，该组织同时也是服务提供商。
Man-marking	紧盯模式	一种不受欢迎又充满浪费的微观管理方式，客户频繁检查服务集成商的工作。
Management methodology	管理方法论	与某一门学科相关的方法、规则和原则。
Microsoft Operations Framework (MOF)	微软运营框架	为 IT 专业人士提供的如何创建、实施和管理服务的指南。
Model (SIAM model)	模型（SIAM 模式、SIAM 模型）	客户组织根据 SIAM 方法论中描述的实践、流程、职能、角色和机构小组，并基于 SIAM 生态系统中层的概念所开发的适合自身的模型。
Multi-sourcing	多源采购	从多个供应商处采购产品或服务。
Multi Sourcing Integration (MSI)	多源集成	同 SIAM。
Open Systems Interconnect (OSI)	开放系统互联	应用程序如何通过网络进行通信的参考模型。
Operational Level Agreement (OLA)	运营级别协议	在 SIAM 体系中，指的是在各相关方（例如服务集成商和某一个服务提供商）之间签订的协议，目的是把端到端服务目标分解细化并落实到个体职责上。
Organizational change management	组织变革管理	用于管理组织内部的业务流程变革、组织结构变革和文化变革的过程。
Outsourcing	外包	从外部组织采购产品或服务。
Performance management and reporting framework	绩效管理与报告框架	在 SIAM 体系中，指的是针对以下事项进行的评价与报告： • 关键绩效指标； • 流程和流程模型绩效； • 服务级别目标的实现； • 系统和服务绩效； • 遵守合约及履行合同外职责情况； • 协作； • 客户满意度。
Platform as a Service (PaaS)	平台即服务	一种供客户使用虚拟化平台进行应用程序开发和管理的云服务类型，客户不需要再自建基础设施。

英文	中文	定义
Practice	实践	一种想法、理念或方法的实际应用或运用，与之相对的是理论[23]。
Prime vendor	总承包商	是指唯一与客户签约的服务提供商，通过分包给其他服务提供商的方式给客户交付服务。
Process	流程	执行一系列任务或活动的可记录、可重复的方法。
Process forum	流程论坛	流程论坛服务于特定的流程或实践，论坛成员共同开展有前瞻性的开发、创新与改进工作。在SIAM 模型就绪之后，论坛将定期召开。流程论坛是一种机构小组类型。
Process manager	流程经理	流程执行的负责人。
Process model	流程模型	描述了流程的目的和结果，还包括：活动、输入、输出、交互、控制、评价、支持政策和模板。
Process owner	流程负责人	端到端流程设计和流程绩效的负责人。
Program management	项目群管理	为了实现统一的目标，负责对多个项目进行管理的过程。
Project management	项目管理	采用一个可重复的方法来成功交付项目的过程。
RACI	RACI 矩阵	RACI 是一个英文首字母缩写组合，RACI 分别表示职责（Responsible）、问责（Accountable）、咨询（Consulted）和知会（Informed），代表可以分配到一个活动中的四个主要参与方角色。通过 RACI 矩阵，可以明确组织中所有人员或角色在全部活动和决策中的责任。
Request For Information (RFI)	信息邀请	通过收集有关供应商及其能力的信息来比较供应商的商务过程。
Request For Proposal (RFP)	建议邀请	允许供应商对某个项目或事项进行投标的商务过程。
Retained capability/capabilities	保留能力 / 保留职能	客户组织会保留一些能力。这些能力是那些负责战略、架构、业务接洽和公司治理活动的职能。服务集成商即使来源于组织内部，也独立于保留职能之外。服务集成能力不属于保留能力。保留职能有时被称为"智能客户职能"。
Roadmap	路线图	SIAM 路线图包括探索与战略、规划与创建、实施、运行与改进四个阶段。
Separation of duties/concerns	职责分离 / 关注点分离	是用于防止错误或欺诈的内部控制措施，对每个角色在任务中的授权范围，以及在什么情况下必须引入一位以上的参与人员等事项进行了定义。例如，开发人员可能不被允许测试和批准自己编写的代码。

---

23 引自：Google

英文	中文	定义
Service	服务	满足某种需求的系统，例如，电子邮件系统是一种促进沟通的 IT 服务。
Service boundaries	服务边界	定义服务所包含的内容（即什么在边界之内），通常用于技术架构文档。
Service consumer	服务消费者	直接使用服务的组织。
Service Integration (SI)	服务集成	同 SIAM。
Service Integration and Management (SIAM)	服务集成与管理	一种管理方法论，可运用于由多个服务提供商提供服务的环境中。有时也称为 SI&M。
Service integrator	服务集成商	单一的逻辑实体，负责端到端服务的交付，为客户实现业务价值。服务集成商负责端到端服务的治理、管理、集成、实施和协调。
Service integrator layer	服务集成商层	SIAM 生态系统中的一个层，负责实施端到端服务的治理、管理、集成、保证和协调。
Service management	服务管理	组织向消费者提供服务的管理实践和能力。
Service Management and Integration (SMAI)	服务管理与集成	同 SIAM。
Service Management Integration (SMI)	服务管理集成	同 SIAM。
Service manager	服务经理	负责交付一个或多个服务的人员。
Service model	服务模型	一种对服务层次结构建模的方法，把服务划分为客户组织直接使用的服务、支持服务和依赖服务。
Service orchestration	服务编排	定义服务活动的端到端视图，为端到端流程建立输入和输出标准，定义控制机制，其中包括服务提供商确定的履行机制和执行内部流程的自由程度。
Service outcomes	服务结果	一个服务实现或交付的结果。
Service owner	服务负责人	负责端到端服务绩效的角色。
Service provider	服务提供商	在 SIAM 生态系统中，有多个服务提供商。根据合同或协议，每个服务提供商负责向客户交付一个或多个服务（或服务元素），负责管理用于服务交付的产品和技术，同时负责运行自己的流程。服务提供商可以来自客户组织内部，也可以来自外部。历史上称之为"塔"，也称之为卖方或供应商。
Service provider category	服务提供商分类	服务提供商分为战略服务提供商、战术服务提供商和商品化服务提供商三类。
Shadow IT	影子 IT	由业务部门委托实施，并未知会 IT 部门的 IT 服务和系统（有时也称为"隐形 IT"）。
SIAM model	SIAM 模式、SIAM 模型	见模型。

英文	中文	定义
SIAM structures	SIAM 结构	根据来源不同，将服务集成商划分为四种结构，分别是内部结构、外部结构、首要供应商结构和混合结构。
Software as a Service (SaaS)	软件即服务	一种供客户使用软件的云服务类型，可实行按月订阅式付费，而无须一次性支付全部费用。
Sourcing	采购	组织采用的购买方式，例如在内部或外部购买服务。应用 SIAM 模式将会影响组织使用服务的方式，以及与服务提供商签订的合同类型。
Structural element	机构小组	由来自不同组织和不同 SIAM 层的成员组成的团队，包括委员会、流程论坛和工作组。
Supplier	供应商	为客户提供产品或服务的组织。
Tooling strategy	工具策略	定义哪些工具将被使用，谁将具有这些工具的所有权，以及这些工具将如何支持不同 SIAM 层之间的数据与信息流。
Tower	塔	见服务提供商。
Watermelon effect (Watermelon reporting)	西瓜效应（西瓜报告）	当一份报告从外面看是绿色的（一切正常），而从里面看是红色的（充满问题），就产生了西瓜效应。它指服务提供商虽然完成了单个目标，但是端到端服务却无法满足客户需求。
Working group	工作组	为处理特定问题或协助特定项目而成立的团队。通常是在应急情况下临时成立的，也有定期成立的。成员可以来自不同组织和不同的专业领域。工作组是一种机构小组类型。

A.2　缩略词列表

表 14 扩展了本书中使用的缩写词。

表 14　缩略词及其英文全称、中文释义

缩略词	英文全称	中文释义
ADKAR	Awareness, Desire, Knowledge, Ability and Reinforcement	认知、渴望、知识、能力和巩固
Agile SM	Agile Service Management	敏捷服务管理
BAU	Business As Usual	业务常态
BCS	British Computer Society	英国计算机学会
BiSL	Business information Services Library	商业信息服务库
BoK	Body of Knowledge	知识体系
CALMS	Culture, Automation, Lean, Measurement, Sharing	文化、自动化、精益、评价和分享

缩略词	英文全称	中文释义
CFO	Chief Financial Officer	首席财务官
CIO	Chief Information Officer	首席信息官
CMM(I)	Capability Maturity Model (Integration)	能力成熟度模型（集成）
COBIT	Control Objectives for Information and Related Technologies	信息与相关技术控制目标
CSO	Chief Security Officer	首席安全官
CTO	Chief Technical Officer	首席技术官
EXIN	Examination Institute for Information Science	国际信息科学考试学会
HDI	Help Desk Institute	服务台研究院
IaaS	Infrastructure as a Service	基础设施即服务
IEC	International Electrotechnical Commission	国际电工委员会
IFDC	The International Foundation for Digital Competences	国际数字能力基金会
ISACA	Information Systems Audit and Control Association	信息系统审计与控制协会
ISO	International Organization for Standardization	国际标准化组织
IT	Information Technology	信息技术
ITIL	Information Technology Infrastructure Library	信息技术基础架构库
ITO	IT Outsourcer (or organization)	IT 外包商（或组织）
ITSM	IT Service Management	IT 服务管理
ITSMF	Information Technology Service Management Forum	信息技术服务管理论坛
KPI	Key Performance Indicator	关键绩效指标
LAN	Local Area Network	局域网
MSI	Multi Sourcing Integration	多源集成
MVP	Minimum Viable Process (or product)	最小可行流程（或产品）
OBASHI	Ownership, Business Processes, Applications, Systems, Hardware and Infrastructure	所有权、业务流程、应用程序、系统、硬件和基础架构
OLA	Operational Level Agreement	运营级别协议
OSI	Open System Interconnect	开放系统互连
PaaS	Platform as a Service	平台即服务
RACI	Responsible, Aaccountable, Consulted and Informed	RACI 矩阵（职责、问责、咨询和知会）
RFI	Request For Information	信息邀请
RFP	Request For Proposal	建议邀请
SaaS	Software as a Service	软件即服务

续表

缩略词	英文全称	中文释义
SI	Service Integration	服务集成
SIAM	Service Integration And Management	服务集成与管理
SLA	Service Level Agreement	服务级别协议
SMAI	Service Management And Integration	服务管理与集成
SMI	Service Management Integration	服务管理集成
SMS	Short Message Service (telephony) Service Management System (ISO)	短消息服务（电话） 服务管理系统（ISO）
SVC	Service Value Chain	服务价值链
SVS	Service Value System	服务价值体系
TOGAF	The Open Group Architecture Framework	开放群组架构框架
UK	United Kingdom	英国
VeriSM	Value-driven, evolving, responsive, integrated, Service Management	价值驱动、持续发展、及时响应、集成、服务管理
VVI	Voice and Video	语音和视频
WAN	Wide Area Network	广域网

附录 B 流程指南

B.1 什么是流程

流程是"执行一系列任务或活动的可记录、可重复的方法"。

大多数商业活动都涉及重复的任务，例如，接听客户电话、开具发票或处理投诉。

将重复性任务流程化有一些益处：

- 允许组织定义管理任务的首选方法；
- 任务将始终如一地执行；
- 节省了时间，避免员工在每次执行任务时重新创建一个方法；
- 可以通过快速培训新员工来执行流程；
- 流程能够被评价和评估；
- 流程能够被作为改进的基准。

流程接受一个或多个输入，在执行相关活动后，输入被转换为一个或多个输出。

流程说明文件通常包括：

- 流程目的和目标；
- 流程开始的触发条件；
- 流程活动或步骤；
- 角色与职责，包括RACI模型；
- 流程指标，包括服务级别、目标和关键绩效指标；
- 流程输入和输出；
- 升级路径；
- 相关工具系统；
- 数据与信息要求。

每个流程都应该有一个负责人。负责人确保流程被正确定义、执行和审查，是唯一可被问责的角色。较大型的组织可能在组织结构中设立流程经理的角色。这些角色负责流程活动的执行。

例如，变更管理流程的负责人可能是组织的变更经理。他们能够得到一些变更分析师的支持，反过来，他们将履行流程经理类型角色。

流程是组织 SIAM 模型的组成部分。

本附录描述了一些常见的高级流程，同时描述了在 SIAM 中的注意事项，以帮助组织着手对 SIAM 生态系统中的流程进行修订。

以下内容并不是对 SIAM 生态系统中使用的系列流程的一个详尽描述，也不是对常用的服务管理流程的一份深度指南。对它们的完整描述参见其他管理实践、框架和标准，例如 ISO/IEC 20000。

B.2　流程与 SIAM 生态系统

SIAM 本身不是一个流程。然而，为了有效运转，它依赖于一系列流程。在 SIAM 生态系统中，流程可能执行于：

- 同一 SIAM 层的不同组织之间；
- 不同 SIAM 层的组织之间。

在 SIAM 模型中，流程需要被分配到适当的层中。对于不同的 SIAM 实施，分配可能有所不同。

在 SIAM 生态系统中使用的很多流程都来自其他管理实践，都是一些熟悉的流程，例如，变更管理和业务关系管理流程。

在 SIAM 模型中，这些流程需要调整和扩展，以支持各相关方之间的集成和协作。他们还需要与 SIAM 模型中的其他部分保持一致，包括：

- SIAM 实践；
- SIAM 层；
- 治理模型；
- 机构小组。

很多流程涉及多个相关方，将跨越多个层执行。例如，客户组织和服务集成商都可以执行供应商管理流程，服务集成商和服务提供商各自都会对端到端变更管理流程负责。

每个服务提供商可能会以不同的方式执行流程中的单个步骤，但这些都属于整体集成流程模型中的一部分。因此流程模型是重要的 SIAM 工作产出物。局部流程和作业指导可能仍保留在执行活动的单个组织域内。

作为 SIAM 总体模型的一部分，SIAM 生态系统中的每一个相关方都应该调整和强化自身的流程，以便与相关的流程模型进行集成。

流程模型的细节，以及 SIAM 结构中不同层的活动分配，对不同的 SIAM 实施都会有所不同。更多关于流程模型的信息以及如何设计 SIAM 模型，请参见第 2 章 "SIAM 路线图"。

每个 SIAM 模型都会有所不同，本附录不会规定在每个流程中由哪个角色承担哪些具体工作。在所有 SIAM 模型中，重要的是明确客户、服务集成商和服务提供商的角色与职责，确保接口与依赖关系一一对应，确保它们被明确定义和能被清晰理解。

B.2.1　流程指南

本附录中的流程指南提供了对每个流程的通用描述，并说明了在 SIAM 生态系统中设计和使用流程时应考虑的注意事项。

每个流程指南包括：

- 流程目的；
- SIAM 注意事项；
- 通用流程信息：

- 活动,
- 角色示例,
- 指标示例,
- 输入和输出示例。

B.3　SIAM 一般注意事项

本节讨论在 SIAM 生态系统中所有流程都涉及的常见的注意事项。

B.3.1　复杂性

在 SIAM 生态系统中,由于以下因素,流程可能会变得更加复杂:

- 在同一流程中,不同层有不同的职责和不同的问责机制。
- 在端到端流程执行过程中,涉及的相关方越来越多。
- 为了支持端到端流程,需要集成来自多个组织的不同流程。
- 来自不同组织的流程之间交互的数量情况。

复杂的流程更难于被理解和遵循。在 SIAM 生态系统中设计流程时,应尽可能避免复杂化。

B.3.2　谁拥有端到端流程的所有权?

在 SIAM 生态系统中,定义流程所有权、职责和问责的层级也很重要。常见的因素包括:

- 客户对流程结果负最终责任,因为是客户委托建立SIAM生态系统的。
- 服务集成商负责,
  - 流程模型、支持策略以及数据与信息标准的总体设计,必须确保设计能够交付所要求的结果;
  - 自身使用的流程和程序。
- 服务提供商负责自身使用的流程和程序的设计,并确保遵从服务集成商所提供的流程模型、支持策略以及数据与信息标准。

B.3.3　工具系统注意事项

用来支持流程的工具系统需要被定义为 SIAM 模型的一部分。在 SIAM 路线图的规划与构建阶段,将决定使用哪些工具系统,以及谁是这些工具系统的负责人。

只有在最终确定 SIAM 模型之后,才能做出这些决策,决策结果将被记录于工具策略中。

如果使用客户提供的工具系统,那么就更容易掌控服务集成商。当然,如果使用外部服务集成商提供的工具系统,也可能会增加一个接触同类最佳工具系统的机会。

B.3.4　数据与信息注意事项

B.3.4.1　谁拥有数据的所有权?

必须考虑的一个问题是如果替换了服务提供商或服务集成商,那么会发生什么? 客户组织的目标应该是拥有对任何支撑服务运行的数据的所有权，或者保证能够访问这些数据，例如故障记录数据。

B.3.4.2　谁拥有工作产出物的知识产权？

通常情况下，在 SIAM 生态系统中，服务运行会形成工作产出物，例如知识管理库中的知识文章。

需要在合同或服务协议中定义和商定这些工作产出物的知识产权归属。要考虑到商业因素，例如某个服务提供商可能不愿意跟其他组织分享他们的文章。

B.3.4.3　数据与信息是否一致？

SIAM 模型应该包括数据与信息标准，以及支持策略。数据字典将确保所有各方都使用统一标准。

例如，应该有关于故障记录的最小数据集，以及对故障严重程度和处理优先级的标准定义。

B.3.4.4　如何控制对共享的数据、信息和工具的访问？

考虑到安全因素，需要对访问控制策略和流程进行定义和管理。

B.3.4.5　谁对流程改进负责？

SIAM 生态系统中，所有各方都负责自身流程的改进，并在服务集成商的推动下对端到端流程进行改进。

服务集成商负责确保来自不同服务提供商的流程能够在整个流程模型中持续地协同工作。服务集成商的流程负责人对端到端流程的改进负责。

B.3.4.6　如何管理合规与保证？

合规与保证要求应该包含在合同中，以确保能够得到履行。

对于跨端到端流程，服务集成商对流程结果负保证责任。

B.4　服务组合管理流程指南

B.4.1　流程目的

服务组合管理的目的是维护所有服务的信息，使客户组织对持续性支出有较充分的了解，同时又能针对未来产品与服务的投资，为客户组织提供业务决策支持。

该流程建立了服务信息的唯一来源，对计划中的、当前的和已完成的服务的状态进行跟踪。

B.4.2　SIAM注意事项

在 SIAM 环境中，服务组合管理流程的注意事项包括：

- 如果没有对所有的服务、服务提供商、服务之间的依赖关系和服务特征明确定义，就无法转换到SIAM模式。因此，服务组合管理信息对于任何SIAM实施都至关重要。
- 客户组织应主导服务组合。执行服务组合管理流程的职责可以赋予客户的保留职能，或委托给服务集成商。

- 服务组合需要与所有服务提供商提供的信息保持同步，创新机会可能带来新的服务，服务组合也需要整合新服务的信息。在与服务提供商签订的合同中，应包含提供这些信息的要求。
- 服务组合记录的数据与信息标准需要得到所有服务提供商的认可并在所有服务提供商之间保持统一。
- 服务组合管理流程必须与新服务的引进和退出流程、新服务提供商的引进和退出流程保持一致。

B.4.3 通用流程信息

B.4.3.1 活动

服务组合管理流程的活动包括：

- 创建服务组合；
- 维护服务组合；
- 审查服务组合。

B.4.3.2 角色示例

服务组合管理流程的角色包括：

- 服务组合经理。

B.4.3.3 指标示例

服务组合管理流程的指标包括：

- 计划服务数量；
- 当前服务数量；
- 退出服务数量；
- 组合机会数量；
- 服务的商业可行性。

B.4.3.4 输入和输出示例

服务组合管理流程的输入包括：

- 客户战略与要求；
- 需求管理数据；
- 服务组合审查；
- 服务目录；
- 服务合同；
- 新服务与变更服务。

服务组合管理流程的输出包括：

- 服务组合；

- 服务组合报告；
- 批准的服务；
- 终止的服务。

B.5 监测与评价流程指南

B.5.1 流程目的

监测与评价流程的目的包括：

- 对系统和服务进行监测与评价；
- 根据设定的阈值对服务进行监测，创建警报，标识受到影响的服务，预测服务受影响的趋势，防止服务中断；
- 对服务利用率和服务绩效进行评价；
- 该流程与事态管理流程和服务级别管理流程有关联。

B.5.2 SIAM注意事项

在 SIAM 环境中，监测与评价流程的注意事项包括：

- 应确保所有服务提供商均具备监测自身服务和基础技术组件的能力；
- 在整个SIAM生态系统中，对数据字典、数据模型、术语、阈值和报告时间表的要求应保持一致；
- 为了完成端到端报告，要共享绩效指标。

B.5.3 通用流程信息

B.5.3.1 活动

监测与评价流程的活动包括：

- 服务监测；
- 阈值检测；
- 故障检测；
- 事态创建；
- 报告创建；
- 绩效分析；
- 调校。

B.5.3.2 角色示例

监测与评价流程的角色包括：

- 服务级别经理；
- 服务交付经理；

- 容量经理；
- 可用性经理；
- 事态经理；
- 绩效经理。

B.5.3.3　指标示例

监测与评价流程的指标包括：

- 与容量/可用性问题有关的故障；
- 服务可用性；
- 服务绩效；
- 按计划发布的报告。

B.5.3.4　输入和输出示例

监测与评价流程的输入包括：

- 合同约定的服务级别；
- 服务阈值；
- 警报；
- 服务提供商数据；
- 报告要求、格式和频率。

监测与评价流程的输出包括：

- 评价报告；
- 服务评价；
- 服务改进机会；
- 事态；
- 预测；
- 变更请求。

B.6　事态管理流程指南

B.6.1　流程目的

事态管理流程通过对技术组件、系统与服务的监测来识别事态，并适时采取行动。

该流程旨在为用户提供早期检测，避免系统与服务中断，提升服务的可用性。该流程与监测和评价、故障管理和可用性管理流程密切相关。

B.6.2　SIAM注意事项

在 SIAM 环境中，事态管理流程的注意事项包括：

- 组织结构中应包含负责事态管理的职能。该职能可以是由服务集成商提供的中心职能，也可以是由所有服务提供商提供的虚拟职能，或者是由每个服务提供商提供的单独职能。

■ 应该在策略中定义管理事态阈值的规则，并在所有服务提供商之间保持一致。例如，当达到什么临界点，重复发生的低性能事件就必须升级为故障。

■ 可能需要使用特定工具比对来自多个服务提供商的事态，通过数据分析其中的关联关系，利用规则识别端到端问题。

■ 对事态进行诊断和解决是所有与之相关的服务提供商的共同目标。

B.6.3　通用流程信息

B.6.3.1　活动
事态管理流程的活动包括：

■ 记录事态（通常由监测系统自动创建）；

■ 诊断和评估事态；

■ 根据需要创建关联事件，并分配给故障管理流程；

■ 关闭事态；

■ 配置和调整事态管理工具。

B.6.3.2　角色示例
事态管理流程的角色包括：

■ 事态经理；

■ 运营团队；

■ 服务台。

B.6.3.3　指标示例
事态管理流程的指标包括：

■ 按类型划分的事态数量；

■ 按类型划分的事态信息的准确度；

■ 已避免的故障数量；

■ 已解决的事故数量。

B.6.3.4　输入和输出示例
事态管理流程的输入包括：

■ 自动生成的警报；

■ 关于系统事故的用户报告。

事态管理流程的输出包括：

■ 事态数据；

■ 趋势报告；

■ 为故障管理和问题管理等相关流程提供的输入。

B.7 请求管理流程指南

B.7.1 流程目的

请求管理是对来自用户的服务请求进行全生命周期的管理，也可以称为请求履行或请求目录管理。

服务请求是根据预先定义的授权和资格认证程序，从服务提供商处访问标准服务或服务产品的一种方法。它可以通过多种方式提出请求，包括联系服务台、发送电子邮件或访问自助门户。

请求的示例包括提供标准组件（例如硬件或应用程序）以获取信息和建议，或记录有关所接受服务的投诉或表扬。

该流程的目标是有效处理所有服务"范围"内的请求。

B.7.2 SIAM注意事项

在 SIAM 环境中，请求管理流程的注意事项包括：

■ 请求管理流程一般使用预定义和可重复的程序，通常在每个服务提供商内部执行。
  ● 要满足某些请求，可能需要多个服务提供商的参与，这需要在服务集成商和每个服务提供商的特定流程之间进行集成。
  ● 服务集成商担当请求管理问题的升级点，并确保请求管理流程在整个生态系统中有效运行。
■ 服务台在与各提供商协调服务请求以及跨提供商协调服务请求方面发挥着关键作用，因此，服务台应与此流程紧密集成。
■ 由于请求通常是预定义和可重复的，因此应尽可能利用自动化来支持一致、高效和有效的请求履行。

B.7.3 通用流程信息

B.7.3.1 活动

请求管理流程的活动包括：

■ 请求日志的记录和验证；
■ 请求分类；
■ 请求优先级；
■ 请求授权/批准；
■ 请求路由；
■ 履行活动协调；
■ 升级；
■ 状态跟踪；
■ 请求审查；
■ 请求关闭；

- 请求目录的管理和维护；
- 新请求流程的创建。

B.7.3.2　角色示例

请求管理流程的角色包括：

- 请求（履行）经理；
- 服务台；
- 财务经理；
- 服务目录经理；
- 服务级别经理；
- 发布经理；
- 部署经理；
- 容量经理；
- 变更经理；
- 访问经理；
- 故障经理。

B.7.3.3　指标示例

请求管理流程的指标包括：

- 请求履行时间表，根据商定的SLA；
- 请求细目（按类别）；
- 通过自动化解决的请求；
- 每类请求的成本；
- 与请求履行有关的用户满意度；
- 积压请求的数量。

B.7.3.4　输入和输出示例

请求管理流程的输入包括：

- 各种来源的请求，例如电话、表单、网站界面或电子邮件；
- 请求模型/模板；
- 授权；
- 变更请求（RFC）；
- 信息请求；
- 状态更新请求。

请求管理流程的输出包括：

- 授权/拒绝的请求；
- 请求管理状态报告；
- 已履行的服务请求；
- 故障（已重新路由）；
- RFCs/标准变更；

- 资产/配置更新;
- 已更新请求的记录;
- 已关闭的服务请求;
- 已取消的服务请求;
- 请求目录;
- 供考虑的新请求类型。

B.8　故障管理流程指南

B.8.1　流程目的

故障管理流程记录和管理造成服务中断和服务可用性降低的服务问题(称为故障),管理正在造成或者可能造成服务绩效下降的事件。

该流程旨在将服务恢复到正常的状态。故障的解决一般都有商定时限,这取决于处理优先级,而优先级依据故障造成的影响以及对处理速度的要求确定。

B.8.2　SIAM注意事项

在 SIAM 环境中,故障管理流程的注意事项包括:

- 故障管理流程模型要能支持服务的快速恢复,以最快的速度将故障信息传递给正确的故障处理人员,而且使涉及的相关方最少。相关的服务台模型也要对此进行支撑。
- 为了支持在服务提供商之间高效沟通,必须对故障记录、故障传输和支持工具的数据与信息标准进行定义。
- 应该定义故障处理优先级和严重程度,并在所有各方之间保持一致。
- 故障可能涉及多个服务提供商,为了在故障调查中便于协调,必须对相关角色与职责进行定义。
- 确定故障解决目标时,需要认识到在服务提供商之间可能会移交故障处理工作。交接需要时间,而且每个服务提供商都有自己商定的目标。即使每个服务提供商都达到了自己的目标,也要确保端到端流程中不存在缺口,能够达成客户目标。
- 存在这样的风险:为了避免超出服务等级所要求的解决时限,服务提供商可能会将故障转交给其他服务提供商处理。
- 不同服务提供商的故障管理团队可能位于不同的地理位置,这为协同解决问题带来了挑战。

B.8.3　通用流程信息

B.8.3.1　活动

故障管理流程的活动包括:

- 故障报告;

- 故障检测；
- 故障分类和优先级；
- 记录创建；
- 故障调查；
- 故障解决方案；
- 确认解决方案；
- 故障记录更新与关闭；
- 故障趋势分析。

B.8.3.2　角色示例

故障管理流程的角色包括：

- 故障经理；
- 服务台；
- 重大故障经理；
- 技术人员。

B.8.3.3　指标示例

故障管理流程的指标包括：

- 故障数量（总数，以及按服务、地点等分类的数量）；
- 在一线解决的故障数量；
- 需要重新解决的故障数量；
- 客户对故障管理流程的满意度；
- 错误分派的故障。

B.8.3.4　输入和输出示例

故障管理流程的输入包括：

- 事态；
- 用户报告。

故障管理流程的输出包括：

- 故障记录；
- 已解决的故障；
- 故障报告；
- 故障指标。

B.9　问题管理流程指南

B.9.1　流程目的

问题被定义为造成故障的未知的、潜在的原因。问题管理流程对问题的全生命周期进行管理，其目的在于避免故障和问题的发生以及重复发生。

问题管理流程涉及主动和被动两个方面：主动方面是指一开始就采取措施避免故障发生；被动方面是指基于问题的优先级，对一个或多个故障的出现做出响应，在商定的时限内解决问题。

B.9.2　SIAM注意事项

在 SIAM 环境中，问题管理流程的注意事项包括：

- 让所有各方都参与到问题管理工作组和论坛中，为解决涉及多个服务提供商的问题而联合工作；
- 协调多个服务提供商，开展调查，进行与解决问题相关的活动；
- 鼓励服务提供商之间共享数据与信息，促进问题解决；
- 对所有服务提供商来说，解决问题的目标保持一致；
- 在所有服务提供商之间，创建和使用通用术语、数据与信息标准以及统一的问题分类。

B.9.3　通用流程信息

B.9.3.1　活动

问题管理流程的活动包括：

- 对故障报告和故障趋势分析记录进行审查；
- 建立问题记录；
- 对问题记录进行分类并分优先级；
- 确定解决方法并为此进行沟通；
- 查找问题发生的根本原因并解决问题；
- 主动发现和解决潜在问题。

B.9.3.2　角色示例

问题管理流程的角色包括：

- 问题经理；
- 技术团队。

B.9.3.3　指标示例

问题管理流程的指标包括：

- 月度问题记录——主动的和被动的；
- 正在处理中的问题数量；
- 已解决的问题数量；
- 正在调查之中，但故障仍重复发生的问题数量。

B.9.3.4　输入和输出示例

问题管理流程的输入包括：

- 故障记录；
- 配置管理信息；

- 变更记录；
- 解决方法。

问题管理流程的输出包括：

- 问题记录；
- 问题审查记录；
- 已解决的问题；
- 解决方法；
- 变更请求；
- 服务改进；
- 知识文章；
- 报告。

B.10 变更与发布管理流程指南

B.10.1 流程目的

变更管理能以最小的影响对服务进行变更。

发布是对一个或多个变更进行打包测试和部署。发布管理可确保现场环境的完整性得以保护，确保正确的变更被部署。

变更与发布管理流程将变更与发布进行整合，确保使用统一的方法来评估、批准和部署变更。

B.10.2 SIAM注意事项

在 SIAM 环境中，变更与发布管理流程的注意事项包括：

变更管理

- 变更管理的范围需要明确界定。该流程可以涵盖很多领域，包括，
  - 技术；
  - 流程；
  - 政策；
  - 组织结构；
  - SIAM模型。
- 应为数据与信息制定统一标准，并纳入变更策略之中，例如变更类型、审批级别和通知周期。
- 必须明确界定审核和批准变更所涉及的角色和当事方，其中应包括可能受变更影响的所有组织。
- 对于不同类型和级别的变更，应设置不同的审核人和批准人；如果变更是一个紧急事件，由谁来批准变更应取决于变更的风险和变更可能产生的影响。
- 如果对其他服务提供商不会造成影响，可允许服务提供商自行批准已核实的、低风险

的、重复发生的变更。

■ 可利用自动化测试和部署技术，降低需要人工审查的级别，提高变更成功率。

发布管理

■ 在计划发布和实施发布时，要进行协调和安排发布日程，应考虑到所有相关的服务提供商和客户组织，以避免产生负面影响。

■ 对于来自不同服务提供商的服务之间的集成，应明确对集成进行测试的职责。

■ 定义补救方法。如果发布实施失败，则采用补救措施将业务影响降至最低。

■ 应建立一致的格式和使用统一的方法来传递有关发布的信息。

B.10.3　通用流程信息

B.10.3.1　活动

变更与发布管理流程的活动包括：

■ 分析变更提议；

■ 批准变更；

■ 安排变更日程；

■ 沟通；

■ 打包发布内容；

■ 安排发布日程；

■ 测试发布内容；

■ 实施和部署；

■ 审查成功的部署。

B.10.3.2　角色示例

变更与发布管理流程的角色包括：

■ 变更申请者；

■ 变更经理；

■ 发布经理；

■ 测试经理；

■ 产品负责人；

■ 变更顾问委员会成员。

B.10.3.3　指标示例

变更与发布管理流程的指标包括：

■ 月度变更指标；

■ 成功的变更/发布指标；

■ 紧急变更指标；

■ 失败的变更/发布指标；

■ 由变更引发故障的数量。

B.10.3.4　输入和输出示例

变更与发布管理流程的输入包括：

- 变更策略；
- 发布策略；
- 变更请求；
- 与变更相关的故障和问题数据；
- 服务目标；
- 测试结果；
- 配置信息；
- 变更与发布计划。

变更与发布管理流程的输出包括：

- 批准/否决变更；
- 变更时间表；
- 变更/发布沟通记录；
- 发布计划；
- 服务可用性计划；
- 变更审查。

B.11　配置管理流程指南

B.11.1　流程目的

配置管理的目的是标识、记录、维护和保证关于配置项（CI）的数据与信息。

配置项可以是用以交付和支持服务的各类条目，包括：

- 一个服务；
- 软件应用程序或产品；
- 硬件组件；
- 文档。

配置项的类型是根据客户基础量身定制的，可以有很多不同类型的配置项。

配置项的详细信息通常保存在一个或多个配置管理数据库（CMDB）中。多个 CMDB 和其他数据源的聚合被称为配置管理系统（CMS）。

配置管理负责记录和维护配置项之间的详细关联信息，记录它们如何交互和相互依赖。

配置管理与其他流程有接口，包括：

- 故障管理——登记与故障相关的配置项，使用CI信息来标识因发生故障而受到影响的配置项，以及因近期变更而可能引发故障的配置项。
- 变更与发布管理——登记与变更相关的配置项，使用配置管理数据来评估变更的潜在影响，并通过发布部署进行更新。
- 问题管理——使用配置管理信息来发现故障趋势。

B.11.2　SIAM注意事项

在 SIAM 环境中，配置管理流程的注意事项包括：

- 必须明确服务集成商CMDB的范围，其中只应包含服务集成商履行其职责所需的数据。
- 在服务提供商的合同和协议中，应规定他们需要提供哪些配置管理数据。
- 每个组织都负责维护自己的CMDB，其中包含支撑自身服务交付所必需的数据。
- 为了支持端到端的服务交付，服务提供商应共享自己CMDB中的数据子集给服务集成商和其他服务提供商。
- 针对在SIAM生态系统各方之间共享的配置数据，应制定政策，明确数据统一分类和记录内容。
- 当在不同相关方之间共享CMDB数据时，要仔细考虑方法、工具系统集成和访问控制策略。
- 当共享CMDB数据时，应明确维护共享条目的职责。
- 应明确对数据质量和CMDB准确度进行评估和改进的职责。

B.11.3　通用流程信息

B.11.3.1　活动

配置管理流程的活动包括：

- 设计和实施配置管理数据库；
- 收集数据并录入CMDB；
- 基于触发条件对数据进行更新，包括由来自变更管理的输入来触发；
- 审计配置管理数据；
- 记录和调查任何数据的差异；
- 根据需要提供报告。

B.11.3.2　角色示例

配置管理流程的角色包括：

- 配置经理；
- 配置分析员。

B.11.3.3　指标示例

配置管理流程的指标包括：

- 按照服务提供商、类型、状态等分类的配置项（CI）的数量；
- （按照服务分类的）配置项与配置项之间关系的数量；
- 信息不完整或缺失的配置项数量；
- 已验证/未验证的配置项；
- 已发现的未包含在CMDB中的配置项；
- CMDB中应该被自动探测工具探测到但实际未发现的配置项。

B.11.3.4　输入和输出示例

配置管理流程的输入包括：

- 来自探测工具的数据；
- 经物理检查的数据与信息；
- 故障记录；
- 变更记录；
- 来自基础架构团队的构建信息；
- 来自开发团队的应用信息。

配置管理流程的输出包括：

- CMDB记录；
- 验证时间表；
- 验证报告。

B.12　服务级别管理流程指南

B.12.1　流程目的

服务级别管理（SLM）流程的目的是确保服务绩效满足商定的要求。这些要求在合同或服务协议中通过服务级别目标来体现。

根据服务提供商的能力和计划提供的服务，SLM 对服务级别目标进行审查和验证，促进服务级别目标的实现。

在服务实施后，SLM 将围绕目标持续进行审查，发布报告，推动绩效达成。

B.12.2　SIAM注意事项

在 SIAM 环境中，服务级别管理流程的注意事项包括：

- 服务提供商需要认识到，服务集成商作为客户代理，将与客户一起开展SLM活动并负责汇报。
- 应该明确界定SLM的范围，即使在同一层中执行，SLM活动必须与以下流程的活动进行区分，
  - 供应商管理；
  - 合同管理；
  - 绩效管理；
  - 业务关系管理；
  也应该制定这些流程之间的接口。
- SLM需要预设阈值，以确定当绩效降低到何种程度时应升级至供应商管理流程进行处理，并启动补救措施。
- 在确定服务集成商之前，商定的服务级别目标应全面体现在SIAM模型中。
- 必须明确界定合同约定的服务范围，以及对其他服务提供商所提供服务的依赖关系。

- 必须建立一种方法来管理这种情形：一个服务提供商未能实现其目标，而原因在于另一个服务提供商的行动。
- 服务集成商需要一些信息来验证服务提供商的绩效报告，这些信息可能来源于其他服务提供商和服务消费者。
- 所有服务提供商的服务级别目标应保持一致，否则将难以编制合并报表。例如，针对"可用性"的统一定义和计算方法，报表应覆盖相同的时间段。
- 应将内部服务提供商纳入SLM范围。

B.12.3　通用流程信息

B.12.3.1　活动
服务级别管理流程的活动包括：

- 根据服务级别目标跟踪绩效；
- 验证服务提供商的服务报告；
- 根据服务级别和趋势编制、发布服务业绩报告；
- 审查绩效数据以确定改进机会；
- 审查服务级别目标以持续匹配业务需求。

B.12.3.2　角色示例
服务级别管理流程的角色包括：

- 服务级别经理；
- 报告分析员。

B.12.3.3　指标示例
服务级别管理流程的指标包括：

- 客户的服务感知；
- 针对目标的服务级别达成情况。

服务级别管理指标通常以月度、季度和年度为基础展现趋势变化，由此可凸显需要改进的领域和成功的领域。

B.12.3.4　输入和输出示例
服务级别管理流程的输入包括：

- 合同；
- 服务目标；
- 服务提供商能力；
- 服务绩效数据；
- 客户反馈。

服务级别管理流程的输出包括：

- 服务级别报告；
- 趋势分析；

■ 服务改进机会。

B.13　供应商管理流程指南

B.13.1　流程目的

供应商管理流程的目的是定义供应商管理的政策和策略，建立一套管理框架，对服务提供商进行界定和管理，以保证客户获取的服务物有所值。

该流程与服务级别管理流程、合同管理流程共同管理供应商绩效。

B.13.2　SIAM注意事项

SIAM 生态系统中的"供应商"指的是服务提供商。

在 SIAM 环境中，供应商管理流程的注意事项包括：

■ 有效的供应商管理对任何SIAM的成功实施都很关键。一个服务提供商的绩效问题会影响其他提供商，也会影响端到端服务。

■ 一般情况下，由服务集成商代表客户进行供应商管理。

■ 应该明确定义供应商管理，即使在同一层中执行，也应与合同管理和服务级别管理区别开来。这些流程之间的接口应该是清晰的。

■ 供应商管理流程应该对服务提供商的绩效提升进行管理，此提升源于服务级别管理流程。

■ 供应商管理政策必须适用于不同类型和不同规模的服务提供商，并确保公平合理。

■ 该流程的执行不应偏袒某个服务提供商。如果服务集成商同时也是服务提供商，或者当服务提供商来自内部，可能会带来挑战。

■ 应该明确界定，在何种情况下供应商管理流程需要启动补救措施，以及绩效降低到什么程度将构成合同违约而需要升级到合同管理流程进行处理。

■ 针对没有达到服务级别目标且涉及多个服务提供商的情形，应该建立一个补救措施分担机制。

■ 非财务激励可以像财务补救措施一样，有效地推动服务提供商形成良好的行为方式。

■ 供应商论坛有助于创建协作文化。

B.13.3　通用流程信息

B.13.3.1　活动

供应商管理流程的活动包括：

■ 规划、创建和实施供应商管理政策和流程；

■ 贯彻执行政策；

■ 设计供应商管理框架并落地实施；

■ 当无法满足服务级别目标时，采取补救措施；

- 识别和管理政策与流程不一致；
- 必要时升级到合同管理流程。

B.13.3.2　角色示例
供应商管理流程的角色包括：

- 供应商经理；
- 客户经理；
- 采购经理；
- 合同经理；
- 服务提供商服务经理。

B.13.3.3　指标示例
供应商管理流程的指标包括：

- 按照政策管理的供应商数量；
- 与承诺目标一致的供应商绩效；
- 服务故障减少指标；
- 服务报告的准确性以及与服务级别协议的一致性。

B.13.3.4　输入和输出示例
供应商管理流程的输入包括：

- 商业政策要求；
- 合同；
- 审计报告；
- 监管规定和行业标准；
- 以往的违约和履约情况；
- 客户和供应商要求；
- 变更计划；
- 项目计划和风险日志。

供应商管理流程的输出包括：

- 供应商符合性报告；
- 改进和补救行动计划；
- 培训需求。

B.14　合同管理流程指南

B.14.1　流程目的
合同管理流程的目的是：

- 评估来自潜在服务提供商的建议；

- 与服务提供商谈判并敲定合同；
- 确认合同要求是否得到满足，必要时发起合同修订；
- 评估合同是否仍然适用，必要时建议更新或终止合同。

B.14.2 SIAM注意事项

在 SIAM 环境中，合同管理流程的注意事项包括：

- 客户始终对合同管理负主责。客户与服务提供商签订合同。一些组织将执行某些活动的职责委托给外部服务集成商，或者请他们作为顾问。
- 应该明确定义合同管理，即使在同一层中执行，也应与供应商管理和服务级别管理区别开来。这些流程之间的接口应该是清晰的。
- 在SIAM生态系统中，针对以下事项需要有恰当的合同条款：避免被供应商锁定、提供共同目标、分担风险与分享奖励、开展端到端服务级别和绩效评价、协作，以及授予服务集成商代表客户行事的权力。
- 明确界定绩效降低到何种程度将构成合同违约。合同管理流程负责管理合同违约。
- 出现合同违约情况时，确保对所有服务提供商的处理是一致的和公正的。
- 推行对多个合同进行管理的实务，包括建立一个具备关联合同访问管理功能的合同库。

B.14.3 通用流程信息

B.14.3.1 活动

合同管理流程的活动包括：

- 谈判并对合同达成一致；
- 制定和执行采购战略；
- 管理合同变更；
- 根据合同要求核实交付情况；
- 处理不遵守合同条款的问题。

B.14.3.2 角色示例

合同管理流程的角色包括：

- 合同经理；
- 法律顾问。

B.14.3.3 指标示例

合同管理流程的指标包括：

- 如期续签合同指标；
- 服务提供商履行合同指标；
- 违约合同指标。

B.14.3.4 输入和输出示例

合同管理流程的输入包括：

- 新的服务组合项；
- 合同框架；
- 合同变更通知；
- 来自供应商管理流程的升级内容。

合同管理流程的输出包括：

- 服务提供商增减计划；
- 针对绩效欠佳的服务提供商的服务改进计划；
- 合同；
- 警告通知；
- 采购战略。

B.15 业务关系管理流程指南

B.15.1 流程目的

业务关系管理（BRM）流程的目的是在服务提供商和服务消费者之间建立和维护牢固的关系。

BRM 的作用是理解服务提供商的服务和流程如何支持业务流程。BRM 还负责确保正确的消息在正确的时间被正确的利益相关者接收。

BRM 的目标是在 IT 服务和业务需求之间建立融洽的关系，充当战略顾问的角色，而不是一个支持的职能。

B.15.2 SIAM注意事项

在 SIAM 环境中，BRM 流程的注意事项包括：

- 客户组织的保留职能通常负责服务消费者的BRM。
- 服务集成商可能拥有自己的BRM职能，该职能与客户组织的保留职能会有联系，但这通常是服务集成商的商业活动的一部分，并不是构成SIAM模型的必要部分。
- 服务提供商也可能拥有BRM职能，这可能不在SIAM模型的范围之内。
- 应制定BRM政策，以确保沟通的一致性以及利益相关者管理的一致性。
- 使用服务的业务部门必须认识到，他们并不直接与服务提供商联系，而是通过客户的保留职能与服务建立联系。

B.15.3 通用流程信息

B.15.3.1 活动

BRM 流程的活动包括：

- 制订和维护利益相关者行动计划；
- 制订和维护沟通计划；

- 组织服务集成商、服务提供商及客户的会议；
- 建立和维护利益相关者论坛；
- 执行沟通计划；
- 审查客户满意度。

B.15.3.2 角色示例

BRM 流程的角色包括：

- 业务关系经理；
- 沟通经理；
- 服务负责人；
- 服务经理；
- 利益相关者。

B.15.3.3 指标示例

BRM 流程的指标包括：

- 沟通管理计划的交付指标；
- 沟通改进计划的交付指标；
- 改进举措数量；
- 满意度调查数量；
- 满意度调查评分。

B.15.3.4 输入和输出示例

BRM 流程的输入包括：

- 沟通标准，包括模板、徽标和样式表；
- 利益相关者图谱；
- 沟通计划；
- 客户反馈。

BRM 流程的输出包括：

- 沟通计划；
- 业务沟通；
- 会议纪要；
- 客户满意度报告；
- 改进计划。

B.16 财务管理流程指南

B.16.1 流程目的

财务管理流程的目的是对端到端财务职能管理进行监督，对核对、调查、分析和向客户提供财务信息的活动进行监督。

B.16.2 SIAM注意事项

在 SIAM 环境中，财务管理流程的注意事项包括：

- 维护整个生态系统中的商业机密性；
- 能够以易于理解的方式对不同服务提供商的财务信息进行比较和比对；
- 了解多个服务提供商所提供服务的成本，包括不同组件的成本驱动因素；
- 以可理解的格式向客户提供合并财务信息；
- 在整个SIAM生态系统中，维护财务信息的可追溯性。

B.16.3 通用流程信息

B.16.3.1 活动

财务管理流程中有六种主要的活动：

- 成本核算；
- 预算编制；
- 预算支出监测；
- 编制和维护财务报告和输出物；
- 财务影响分析；
- 处理发票。

B.16.3.2 角色示例

财务管理流程角色包括：

- 首席财务官；
- 管理会计师；
- 成本会计；
- 会计助理。

B.16.3.3 指标示例

财务管理流程指标包括：

- 服务成本；
- 服务盈利能力；
- 服务和服务提供商之间成本与费用的比较；
- 预算与支出；
- 发票的准确度；
- 解决发票不符问题；
- 按时编制输出物。

B.16.3.4 输入和输出示例

财务管理流程输入包括：

- 发票；
- 预算计划；
- 合约定价模型；
- 采购订单；
- 服务成本。

财务管理流程输出包括：

- 结算计划；
- 报告；
- 成本明细表；
- 支出和预测数据；
- 财务风险和机会信息；
- 发票。

B.17　信息安全管理流程指南

B.17.1　流程目的

信息安全管理（ISM）流程的目的是设置安全策略，并监测对安全策略和流程的遵从情况。它针对信息、数据、IT 资源和人员，管理其机密性、完整性和可用性。

该流程的目标是保护个人、技术和组织免受系统中断、隐私侵犯、恶意攻击所造成的损害，避免受保护的数据与信息的丢失或泄露。

B.17.2　SIAM注意事项

在 SIAM 环境中，信息安全管理流程的注意事项包括：

- 界定由谁负责建立和管理端到端信息安全流程，制定相关政策。
- 采用统一的信息安全分类和定义。例如，安全事件由哪些因素构成。
- 管理和通报整个生态系统中的安全缺口，识别整个生态系统中的漏洞。
- 在涉及多方的情况下，明确调查和解决安全缺口的管理职责。
- 在服务提供商合同中包括安全目标。例如，如果一个服务提供商的服务危及其他服务，有权暂停该服务提供商的服务。
- 当较低级别的风险在多个相关方中出现聚合时，需要意识到安全风险正在增加。

B.17.3　通用流程信息

B.17.3.1　活动

信息安全管理流程的活动包括：

- 计划、制定和实施ISM政策和流程；
- 强制执行政策并监督遵守情况；

- 部署安全工具系统；
- 监测安全活动并采用适当的解决方案或采取适当的改进措施；
- 识别由较低级风险聚合而产生的风险；
- 使用故障管理流程和服务台来升级处理安全缺口和事故；
- 评估并更新政策、流程和工具，以确保安全得以持续保障；
- 规划并推行安全框架的培训、审计、审查和测试。

B.17.3.2　角色示例

信息安全管理流程的角色包括：

- 高级信息风险官；
- 信息安全经理；
- 服务台；
- 故障经理。

B.17.3.3　指标示例

信息安全管理流程的指标可以包括：

- 与安全相关的故障数量；
- 安全缺口数量；
- 遵守安全培训要求的用户和遵守其他要求的用户的比例；
- 安全工具与系统的可用性和准确性；
- 安全审计与测试的准确性和结果；
- 整个组织对安全原则的认知程度。

B.17.3.4　输入和输出示例

信息安全管理流程的输入包括：

- 政策要求；
- 监管和行业标准；
- 以往的安全缺口和"未遂事件"信息；
- 计划中的变更；
- 客户和服务提供商的要求；
- 项目计划；
- 风险日志。

信息安全管理流程的输出包括：

- 安全事件记录；
- 计划中的改进；
- 补救活动；
- 培训需求；
- 纪律和人力资源行动；
- 流程和政策状态报告。

B.18 持续服务改进流程指南

B.18.1 流程目的

持续服务改进流程的目的是以一个统一的方法对整个生态系统中的改进活动进行量化、跟踪和管理。

改进活动可以在人员、流程、服务和技术相关的环节开展，也可以针对它们之间的接口和关系进行。

B.18.2 SIAM注意事项

在 SIAM 环境中，持续服务改进流程的注意事项包括：

- 对生态系统中涉及所有各方的持续服务改进应进行统一的定义。
- 持续服务改进应列入治理委员会议程。
- 持续服务改进应成为流程论坛机构小组关注的重点。
- 应鼓励和激励所有服务提供商促进持续服务改进活动。
- 应建立机制，在SIAM生态系统中的各方之间分享经验教训。
- 可能需要设立中心数据库或登记簿，记录持续服务改进活动。
- 服务集成商将负责管理跨服务提供商的改进活动。
- 需要建立一个机制，优先改进端到端服务和流程。

B.18.3 通用流程信息

B.18.3.1 活动

持续服务改进流程的活动包括：

- 调查，确定改进的状况并获取进一步的信息；
- 建立基准，记录当前指标；
- 确定并量化预期或期望的改进和收益；
- 对改进进行分类和优先级排序，以确定所需要的治理水平和相对重要程度；
- 批准改进开发和实施活动；
- 利益相关者管理和沟通计划；
- 改进计划；
- 实施改进行动；
- 审查改进；
- 评价、审查和量化收益；
- 结束改进行动，包括记录经验教训。

B.18.3.2 角色示例

持续服务改进流程的角色包括：

- 改进发起方；

- 改进支持方；
- 改进实施方；
- 治理委员会成员；
- 流程论坛成员。

B.18.3.3 指标示例

持续服务改进流程的指标包括：

- 已明确的、正在进行的和已完成的改进数量；
- 改进活动的成本；
- 与改进活动相关的增值内容；
- 达到服务级别目标和流程绩效指标方面的改进指标。

B.18.3.4 输入和输出示例

持续服务改进流程的输入包括：

- 管理信息，包括服务级别报告、内部关键绩效指标报告、趋势分析；
- 经验教训回顾；
- 审计；
- 客户满意度报告；
- 战略驱动因素，包括来自交付模型的评估报告、行业标杆、治理委员会的输出。

持续服务改进流程的输出包括：

- 改进登记册；
- 管理信息和建议；
- 已记录的改进的状态变化；
- 实施的改进和取得的收益。

B.19 知识管理流程指南

B.19.1 流程目的

知识管理流程的目的是获取知识，并在可控、有质量保证的方式下将知识提供给所有相关人员。

B.19.2 SIAM注意事项

在 SIAM 环境中，知识管理流程的注意事项包括：

- 为知识提供标准化模板和定义，有助于确保知识获取和传播的一致性。
- 应鼓励服务提供商相互分享知识。
- 必须明确界定创建、审核、批准、发布和维护知识文章的职责。
- 各相关方必须有获得知识的途径，无论是通过单一的知识存储库，还是通过连接所有服务提供商的虚拟存储库。

- 在整个SIAM生态系统中，知识应该保持一致。

B.19.3　通用流程信息

B.19.3.1　活动
知识管理流程的活动包括：

- 知识识别、获取和维护；
- 知识转移；
- 数据与信息管理；
- 评估与改进。

B.19.3.2　角色示例
知识管理流程的角色包括：

- 知识创建者；
- 知识经理；
- 知识编辑。

B.19.3.3　指标示例
知识管理流程的指标包括：

- 知识用户的数量；
- 因知识条目的使用而缩短的故障解决时间；
- 通过参考知识类目而解决故障的百分比；
- 活跃的知识文章的数量；
- 更新的频率；
- 被访问的频率；
- 存储库内容的准确度；
- 在知识再发现上节省的时间。

B.19.3.4　输入和输出示例
知识管理流程的输入包括：

- 记录的意见或建议；
- 外部知识来源；
- 数据与流程信息；
- 数据存储库；
- 发布说明；
- 操作手册；
- 培训资料。

知识管理流程的输出包括：

- 知识文章；
- 报告；

- 更新的知识管理系统；
- 归档的数据与信息；
- 更新的培训资料。

B.20 工具系统与信息管理流程指南

B.20.1 流程目的

工具系统与信息管理流程的目的是提供工具系统以支持其他流程，促进信息共享，管理数据、信息与知识。

B.20.2 SIAM注意事项

在 SIAM 模型中，可能只有一个工具系统，也可能有多个工具系统。在 SIAM 环境中，工具系统与信息管理流程的注意事项包括：

- 针对所有服务提供商，制定数据、信息与知识的统一标准，并对标准的使用进行管理；
- 为SIAM模型创建工具系统策略，在SIAM模型中可能有一个或多个工具系统；
- 为SIAM生态系统创建企业工具系统架构；
- 根据战略和企业架构选择适当的工具系统；
- 对各方工具系统之间的集成，进行定义、实施和维护。

B.20.3 通用流程信息

B.20.3.1 活动
工具系统与信息管理流程的活动包括：

- 工具系统选择；
- 工具系统实施；
- 工具系统管理与维护；
- 数据与信息标准定义；
- 工具系统集成。

B.20.3.2 角色示例
工具系统与信息管理流程的角色包括：

- 工具系统架构师；
- 工具系统开发人员；
- 工具系统经理；
- 数据与信息架构师；
- 数据与信息经理；
- 工具系统服务提供商。

B.20.3.3　指标示例

工具系统与信息管理流程的指标包括：

■ 工具系统可用性；

■ 工具系统可靠性；

■ 工具系统数据质量。

B.20.3.4　输入和输出示例

工具系统与信息管理流程的输入包括：

■ 访问控制策略与流程；

■ 配置数据；

■ 接口模式与设计；

■ 用户数据；

■ 数据存储库。

工具系统与信息管理流程的输出包括：

■ 工具系统；

■ 绩效报告；

■ 服务级别报告；

■ 数据与信息标准；

■ 数据字典；

■ 数据交换标准；

■ 信息分类。

B.21　项目管理流程指南

B.21.1　流程目的

项目管理流程的目的是提供一种结构化的方法，以便在预算范围内按时以适当的且商定的质量水平交付项目。

B.21.2　SIAM注意事项

在 SIAM 环境中，项目管理流程的注意事项包括：

■ 在SIAM生态系统中，项目管理涉及对多个服务提供商的项目进行端到端的管理，项目关系日益复杂。

■ 服务集成商与服务提供商没有直接合同关系，需要考虑这一事实。

■ 应对涉及多个服务提供商的多个项目团队的集成项目进行规划。

■ 汇报时的项目状态和项目进度应保持一致。

■ 应形成协作文化，以支持跨服务提供商的项目管理。

■ 对于集成项目，应进行风险管理。

■ 对于涉及多个服务提供商的项目，在实施过程中应确保有效地遵循服务标准。

B.21.3 通用流程信息

B.21.3.1 活动

项目管理流程的活动包括：

■ 计划；

■ 遵循组织的政策和要求；

■ 行动指导；

■ 状态报告；

■ 风险和问题管理；

■ 交付变更请求；

■ 交付物的质量管理；

■ 利益相关者管理。

B.21.3.2 角色示例

项目管理流程的角色包括：

■ 项目总监；

■ 项目经理；

■ 项目管理办公室。

B.21.3.3 指标示例

项目管理流程的指标包括：

■ 项目计划指标；

■ 项目质量指标；

■ 项目预算指标；

■ 项目延期指标；

■ 客户满意度。

B.21.3.4 输入和输出示例

项目管理流程的输入包括：

■ 提案；

■ 采购订单；

■ 项目计划；

■ 项目变更请求；

■ 客户需求；

■ 质量标准。

项目管理流程的输出包括：

■ 已完成的项目；

■ 交付物；

- 计划；
- 任务；
- 经验教训。

B.22 审计与控制流程指南

B.22.1 流程目的

审计与控制流程的目的是保证提供给客户的服务是按照文件要求交付的，其中文件要求包括了合同以及立法、监管和安全等方面的要求。

B.22.2 SIAM注意事项

在 SIAM 环境中，审计与控制流程的注意事项包括：

- 理想的情况是所有相关方都使用相同的治理框架，但是对于某些服务提供商，例如商品化云服务提供商，这也许是不可能的。
- 每个组织都应当承担自身的风险，但是需要明确界定谁将对解决这些风险负主责。
- 需明确客户和服务集成商在安全保障和合规性方面的角色定位。
- 这些要求必须足够清晰，只有这样才能验证要求是否得到落实，而且要按照一定的格式对要求进行说明，以便能被审计师理解。
- 审计需在整个SIAM生态系统中开展。
- 对每个服务提供商的流程，以及涉及多个服务提供商的集成流程，都应进行审计。
- 服务集成商（或其他组织）实施审计的权力应包括在与服务提供商的合同中。

B.22.3 通用流程信息

B.22.3.1 活动

审计与控制流程的活动包括：

- 组织的流程和系统审计；
- 质量保证计划；
- 服务、流程和项目审计；
- 根据要求识别不合规项；
- 记录、呈报和管理审计结果；
- 跟踪不合规项，直至结案。

B.22.3.2 角色示例

审计与控制流程的角色包括：

- 质量经理；
- 首席安全官；

- 审计师；
- 服务负责人；
- 流程负责人；
- 项目经理。

B.22.3.3　指标示例

审计与控制流程的指标包括：

- 已符合要求的合规项；
- 已识别的、正在进行中的和已关闭的不合规项数量。

B.22.3.4　输入和输出示例

审计与控制流程的输入包括：

- 审计范围；
- 要求；
- 政策；
- 标准；
- 流程；
- 数据与信息记录；
- 绩效报告；
- 流程指标。

审计与控制流程的输出由审计报告组成，包括：

- 审计范围；
- 不合规项；
- 证据；
- 意见建议；
- 风险与问题；
- 改进机会。

C.1　概述

EXIN BCS SIAM™ Foundation (SIAMF.CH)

范围

EXIN BCS SIAM™ Foundation 认证是 SIAM™ 基础级认证。为了完成与客户组织商定的服务交付任务，多个服务提供商致力于这一共同目标而会集在一起。本认证旨在确认专业人员是否掌握多服务提供商环境下的服务集成与管理知识。

此认证包括以下主题：

- 服务集成与管理概论；
- 服务集成与管理实施路线图；
- 服务集成与管理中的角色与职责；
- 服务集成与管理实践；
- 支持服务集成与管理的流程；
- 服务集成与管理面临的挑战与风险；
- 服务集成与管理和其他管理实践的关系。

总结

SIAM™ 是管理多个服务提供商的一种方法，运用该方法可以实现多个服务提供商之间的无缝集成，并将他们打造成面向业务的单一 IT 组织。多源集成（MSI）是服务集成与管理（SIAM™）的同义词。在 EXIN BCS SIAM™ Foundation 认证范围内，我们使用"服务集成与管理（SIAM）"这一术语。本认证将检验应试者是否掌握和理解服务集成与管理的术语及核心原则。本认证涵盖的主题包括：实施 SIAM 的潜在收益、挑战与风险，在 SIAM 生态系统中实施结构、治理、工具和数据的注意事项以及常用流程示例。成功取得本认证的应试者将了解如何通过 SIAM 交付业务价值，并能够为组织实施和运用 SIAM 做出贡献。

背景

EXIN BCS SIAM™ Foundation 认证是 EXIN BCS SIAM™ 认证计划的一部分。

目标群体

本认证面向世界范围内对服务集成与管理实践感兴趣的专业人士，以及希望在组织中实施这一方法的专业人士，特别是已经采用服务管理流程的专业人士。SIAM™ 认证还适用于希望实施和管理 SIAM 模式的服务提供商。具体而言，以下人士可能对本认证感兴趣：首席战略官（CSO）、首席信息官（CIO）、首席技术官（CTO）、服务经理、服务提供商组合分析师 / 负责人、经理（包括流程经理、项目经理、变更经理、服务级别经理、业务关系经理、项目经理和供应商经理）、服务架构师、流程架构师、业务变革从业者和组织变革从业者。

认证要求

顺利通过 EXIN BCS SIAM™ Foundation 考试。

建议应试者熟悉服务管理术语，例如通过 EXIN IT 服务管理了解基于 ISO/IEC 20000 认证的术语。

考试细节

考试细节见表 15。

表 15　考试细节

考试类型	选择题
题目数量	40
通过分数	65%（共 40 题，答对 26 题通过）
是否开卷考试	否
是否允许携带电子设备 / 辅助设备	否
考试时间	60 分钟

EXIN 的考试规则和规定适用于本次考试。

布鲁姆级别

EXIN BCS SIAM™ Foundation 认证根据布鲁姆分类学修订版对应试者进行布鲁姆 1 级和 2 级测试：

- 布鲁姆1级，记忆——依靠对信息的回忆。应试者需要对知识吸收、记忆、识别和回忆。这是考生提升到更高级别的基础。
- 布鲁姆2级，理解——比记忆更进一步。理解表明应试者能够了解所呈现的内容，并能够评估如何将学习资料应用于自己所在的环境。这类问题旨在证明应试者能够组织、比较、解释和选择对事实与观点的正确描述。

培训

培训时长

本课程的培训时长建议不少于 14 小时。该时长包括小组作业、考试准备和短暂休息。该时长不包括午休时间、家庭作业和考试时间。

建议个人学习量

56 小时，根据现有知识的掌握情况可能有所不同。

授权培训机构

您可以通过 EXIN 官网 www.exin.com 查找本认证的授权培训机构。

C.2　考试要求

具体考试要求详见考试规范。表 16 列出了各模块的主题（考试要求）和要点（考试规范）。

表 16　考试要求、考试规范与比重

考试要求	考试规范	比重
1. SIAM 概论		15%
	1.1 SIAM 基本原则	5%
	1.2 SIAM 层和结构	10%
2. SIAM 实施路线图		20%
	2.1 SIAM 实施的关键阶段	20%
3. SIAM 角色与职责		12.5%
	3.1 SIAM 角色与职责	12.5%
4. SIAM 实践		15%
	4.1 SIAM 实践	15%
5. 支持 SIAM 的流程		17.5%
	5.1 SIAM 生态系统中的流程	2.5%
	5.2 主要流程的目的和 SIAM 注意事项	15%
6. SIAM 挑战与风险		15%
	6.1 挑战、相关风险和可能的缓解措施	15%
7. SIAM 与其他实践		5%
	7.1 其他实践	5%
合计		100%

考试规范

考试规范见表 17。

表 17　考试规范

1	SIAM 概论		
	1.1	SIAM 基本原则	
		应试者能够：	
		1.1.1	总结 SIAM 方法的目的和价值。
		1.1.2	描述 SIAM 的（商业）驱动力。
	1.2	SIAM 层和结构	
		应试者能够：	
		1.2.1	解释 SIAM 层。
		1.2.2	描述混合服务集成商、内部和外部来源服务集成商以及首要供应商服务集成商的 SIAM 结构及优劣势。

2	SIAM 实施路线图		
	2.1	SIAM 实施的关键阶段	
		应试者能够：	
		2.1.1	区分不同的 SIAM 关键实施阶段。
		2.1.2	总结探索与战略阶段的主要目标、触发因素、输入、活动和输出。
		2.1.3	总结规划与构建阶段的主要目标、触发因素、输入、活动和输出。
		2.1.4	总结实施阶段的主要目标、触发因素、输入、活动和输出。
		2.1.5	总结运行与改进阶段的主要目标、触发因素、输入、活动和输出。
3	SIAM 角色与职责		
	3.1	SIAM 角色与职责	
		应试者能够：	
		3.1.1	解释 SIAM 中的角色与职责。
		3.1.2	解释 SIAM 中的机构小组。
4	SIAM 实践		
	4.1	SIAM 实践	
		应试者能够：	
		4.1.1	描述管理跨职能团队的人员实践内容。
		4.1.2	描述跨服务提供商流程集成的流程实践内容。
		4.1.3	描述端到端服务支持报告的评价实践内容。
		4.1.4	描述制定工具策略的技术实践内容。
5	支持 SIAM 的流程		
	5.1	SIAM 生态系统中的流程	
		应试者能够：	
		5.1.1	总结 SIAM 生态系统的流程功能。
	5.2	主要流程的目的和 SIAM 注意事项	
		应试者能够：	
		5.2.1	表明流程目的。
		5.2.2	总结 SIAM 注意事项。
6	SIAM 挑战与风险		
	6.1	挑战、相关风险和可能的缓解措施	
		应试者能够：	
		6.1.1	描述建立商业论证的重要性、相关风险和缓解措施。
		6.1.2	描述文化契合度与行为的重要性、相关风险和缓解措施。
		6.1.3	描述控制度与所有权的重要性、相关风险和缓解措施。
		6.1.4	总结安全的重要性、相关风险和缓解措施。

续表

	6.1.5	描述与评价成功有关的挑战及缓解措施。
	6.1.6	确定商业挑战、遗留合同挑战及其缓解措施。
7	SIAM 与其他实践	
	7.1	其他实践
	应试者能够：	
	7.1.1	描述以下框架和标准对 SIAM 生态系统的贡献：服务管理（包括 VeriSM ™、ITIL 和 ISO/IEC 20000）、敏捷（包括敏捷服务管理）、DevOps、COBIT 和精益。

C.3　基本概念列表

本部分包含了应试者应熟知的术语和缩写，见表 18。

请注意仅仅了解这些术语并不足以应对考试。应试者必须理解这些概念，并且能够举例说明。

表 18　基本概念

英文	中文
aggregation	聚合
Agile	敏捷
board	委员会
Business As Usual (BAU)	业务常态
business case	商业论证
capability	能力
cloud services	云服务
COBIT	信息与相关技术控制目标
code of conduct	行为准则
collaboration agreement	合作协议
commodity service	商品化服务
contract	合同
customer	客户
customer organization	客户组织
disaggregation	解聚
DevOps	开发运维一体化方法
ecosystem	生态系统
enterprise architecture	企业架构
enterprise service bus	企业服务总线
external service provider	外部服务提供商

英文	中文
externally sourced service integrator	外部来源服务集成商
function	职能
governance	治理
governance framework	治理框架
governance model	治理模型
hybrid service integrator	混合服务集成商
Infrastructure as a Service (IaaS)	基础设施即服务
insourcing	内包
intelligent client function	智能客户职能
internal service provider	内部服务提供商
internally sourced service integrator	内部来源服务集成商
ISO/IEC 20000	ISO/IEC 20000 IT 服务管理国际标准
ITIL	信息技术基础架构库
Key Performance Indicator (KPI)	关键绩效指标
layers (SIAM layers)	层（SIAM 层）
lead supplier service integrator	首要供应商服务集成商
lean	精益
man-marking	紧盯模式
management methodology	管理方法论
metric	指标
model (SIAM model)	模型（SIAM 模型、SIAM 模式）
multi-sourcing	多源采购
Multi-Sourcing Integration (MSI)	多源集成
Open Systems Interconnect (OSI)	开放系统互联
Operational Level Agreement (OLA)	运营级别协议
organizational change management	组织变革管理
outsourcing	外包
performance management and reporting framework	绩效管理与报告框架
Platform as a Service (PaaS)	平台即服务
practice	实践
prime vendor	总承包商
process	流程
process forum	流程论坛
process manager	流程经理

英文	中文
process model	流程模型
process owner	流程负责人
program management	项目群管理
project management	项目管理
RACI (Responsible, Accountable, Consulted, and Informed)	RACI（职责、问责、咨询和知会）矩阵
Request For Information (RFI)	信息邀请
Request For Proposal (RFP)	方案邀请
request management	请求管理
retained capability/capabilities	保留能力 / 保留职能
roadmap	路线图
separation of duties/concerns	职责分离 / 关注点分离
service	服务
service boundaries	服务边界
service consumer	服务消费者
Service Integration (SI)	服务集成
Service Integration and Management (SIAM)	服务集成与管理
service integrator	服务集成商
service integrator layer	服务集成商层
service management	服务管理
Service Management And Integration (SMAI)	服务管理与集成
Service Management Integration (SMI)	服务管理集成
service manager	服务经理
service model	服务模型
service orchestration	服务编排
service outcomes	服务结果
service owner	服务负责人
service provider	服务提供商
service provider category	服务提供商分类
shadow IT	影子 IT
SIAM model	SIAM 模式、SIAM 模型
SIAM structures	SIAM 结构
Software as a Service (SaaS)	软件即服务
sourcing	采购
structural element	机构小组

续表

英文	中文
supplier	供应商
tooling strategy	工具策略
tower	塔
VeriSM™	是"价值驱动、持续发展、及时响应、集成、服务和管理"的英文首字母缩略语，是面向数字化时代的一种服务管理方法
watermelon effect (watermelon reporting)	西瓜效应（西瓜报告）
working group	工作组

C.4 指定教材

必选教材

以下文献包含了考试要求掌握的知识。

Scopism Limited

Service Integration and Management Foundation Body of Knowledge (SIAM™ Foundation BoK)

Van Haren Publishing：2020 年（第二版）

ISBN-13: 978-9401806459

也可访问：https://www.scopism.com/free-downloads/。请注意下载资料分两个文档。

请注意：SIAM™ 基础知识体系和 SIAM™流程指南不可用于商业用途。然而，经授权的培训机构可使用以上文件开发课程材料并进行相关市场活动。未经 Scopism 许可，不得根据以上文件开发其他商业产品和服务。

可选教材

David Clifford

SIAM-MSI – An Introduction to Service Integration and Management-Multi-Sourcing Integration for IT Service Management.

IT Governance: 2016

ISBN-13: 978-1849288514

备注

可选教材仅作为参考和拓展学习使用。

教材考点分布矩阵

考试要求、考试规范与教材参考章节见表 19。

表 19　考试要求、考试规范与教材参考章节

考试要求	考试规范	教材参考章节
1. SIAM 概论		
	1.1 SIAM 基本原则	第 1 章
	1.2 SIAM 层和结构	第 1、3 章
2. SIAM 实施路线图		
	2.1 SIAM 实施的关键阶段	第 2 章
3. SIAM 角色与职责		
	3.1 SIAM 角色与职责	第 1、5 章
4. SIAM 实践		
	4.1 SIAM 实践	第 6 章
5. 支持 SIAM 的流程		
	5.1 SIAM 生态系统中的流程	附录 B：第 B1、B2 和 B3 节
	5.2 主要流程的目的和 SIAM 注意事项	附录 B：第 B4 ～ B22 节（各章第 1、2 小节）
6. SIAM 挑战与风险		
	6.1 挑战、相关风险和可能的缓解措施	第 7、8 章
7. SIAM 与其他实践		
	7.1 其他实践	第 4 章

附录 D SIAM 基础认证中文样题

中文样题

202004版

D.1　说明

这是 EXIN BCS SIAM ™ Foundation (SIAMF.CH) 考试样题。EXIN 考试准则适用于该考试。

本试卷由 40 道选择题组成。每道选择题有多个选项，除非另有说明，这些选项中只有一个是正确答案。

本试卷的总分是 40 分。每答对一题获得 1 分。得分在 26 分及以上，才能通过本考试。

考试时间为 60 分钟。

祝您好运！

D.2　样题

1. 哪种组织不太可能从 SIAM 获得全部价值？
A. 由内部和外部服务提供商提供服务的组织
B. 只由单一服务提供商提供服务的组织
C. 由外部服务提供商提供服务的组织
D. 由内部服务提供商提供服务的组织

2. SIAM 中的哪个驱动力包含了数据与信息标准这一驱动因素？
A. 外部驱动力
B. 运营效率驱动力
C. 服务与采购环境驱动力
D. 服务满意度驱动力

3. SIAM 生态系统中服务提供商的职责是什么？
A. 交付
B. 端到端集成
C. 治理
D. 战略

4. SIAM 生态系统的哪一层执行端到端保证？
A. 客户组织
B. 保留职能
C. 服务集成商
D. 服务提供商

5. 一个组织计划向 SIAM 转型，希望避免服务提供商指责服务集成商有偏见的情况出现。这种行为最不可能出现在哪两种结构中？请记住选择两个答案。
A. 外部服务集成商结构

B. 混合服务集成商结构

C. 内部服务集成商结构

D. 首要供应商服务集成商结构

6. 在混合服务集成商结构中，由哪两方协作来提供服务集成能力？

A. 客户组织和外部组织

B. 客户组织和内部服务集成商

C. 外部服务集成商和首要供应商

D. 内部服务集成商和保留职能

7. 在 SIAM 路线图的哪个阶段应该为定义角色与职责确定原则与政策？

A. 探索与战略阶段

B. 实施阶段

C. 规划与构建阶段

D. 运行与改进阶段

8. 主机托管服务提供商经历了反复发生的故障，影响所有端到端服务。在服务集成商的帮助下，他们利用其他服务提供商提供的信息，开发了永久解决根本问题的创新方案。谁应该得到奖励？

A. 所有服务提供商和服务集成商

B. 所有服务提供商，而不包括服务集成商

C. 仅主机托管服务提供商

D. 仅服务集成商

9. SIAM 路线图的哪个阶段提供了对可用技术和服务的认知？

A. 探索与战略阶段

B. 实施阶段

C. 规划与构建阶段

D. 运行与改进阶段

10. 客户组织希望在最短的时间内完成 SIAM 模式的实施。他们已经准备好承担风险。为了实现这一目标，该组织应该做些什么？

A. 尽早确定服务提供商

B. 实施组织变革管理

C. 采用大爆炸方法

D. 采用分次实施方法

11. 在 SIAM 路线图的哪两个阶段包括设计 SIAM 模型的要求？请记住选择两个答案。

A. 探索与战略阶段

B. 实施阶段

C. 规划与构建阶段

D. 运行与改进阶段

12. 组织变革管理从 SIAM 路线图的哪个阶段开始？

A. 探索与战略阶段

B. 实施阶段

C. 规划与构建阶段

D. 运行与改进阶段

13. 在 SIAM 路线图的哪个阶段应选定首选 SIAM 结构？

A. 探索与战略阶段

B. 实施阶段

C. 规划与构建阶段

D. 运行与改进阶段

14. 哪些是启动实施阶段的两个触发因素？请记住选择两个答案。

A. 现有服务提供商停止交易

B. 现有服务提供商合同终止

C. 新 SIAM 模型的实施

D. 实施方式的选择

15. 哪个 SIAM 角色通常负责服务治理和保证？

A. 客户组织

B. 集成变更顾问委员会

C. 服务集成商

D. 服务提供商

16. 在 SIAM 模型中，哪些角色和职责需要外包，由谁来决定？

A. 客户组织

B. 外部服务提供商

C. 内部服务提供商

D. 服务集成商

17. 哪种角色对合同管理负主责？

A. 客户组织

B. 执行委员会

C. 服务集成商

D. 战术委员会

18. 单个机构小组涵盖什么？

A. 一个组织中的一层

B. 多个组织中的一层

C. 一个组织中的多层

D. 多个组织中的多层

19. 从解决重大故障中获得经验教训，由哪种运营角色负责讨论该话题？

A. 故障管理论坛

B. 故障管理工作组

C. 集成变更顾问委员会

D. 重大故障工作组

20. 与制定工具策略的技术实践无关的挑战是哪一项？

A. 流程活动之间的缺口

B. 无效率的遗留工具

C. 不符合要求的服务提供商

D. 工具系统范围定义

21. 在管理跨职能团队时，沟通计划提供了什么？

A. 为所有利益相关者提供适当级别的定期沟通

B. 虚拟团队之间不需要面对面会议

C. 降低了重新输入和转换数据的需求

22. 在进行跨服务提供商的流程集成时，应该使用什么方法来识别和避免流程之间的缺口？

A. DevOps

B. 关键绩效指标（KPI）

C. RACI 矩阵

D. 服务级别协议（SLA）

23. 与跨职能团队有关的主要挑战是什么？

A. 相互冲突的目标、组织战略和工作实践

B. 流程活动之间的缺口

C. 无法映射端到端工作流程

D. 架构的缺失

24. 有很多与制定工具策略有关的实践。哪种实践有助于服务集成商和服务提供商了解 SIAM 工具系统将如何发展？

A. 采用统一的数据字典

B. 行业标准方法

C. 数据和工具系统的所有权

D. 技术战略和路线图

25. 哪一个是在 SIAM 环境中进行端到端评价的例子？

A. 特定服务集成合作伙伴解决问题的平均时间

B. 内部和外部服务提供商的比较

C. 特定业务部门引发的故障数量

D. 针对服务级别目标的服务响应度

26. 在 SIAM 生态系统中，所有流程都应考虑的共同因素是什么？

A. 使所有服务提供商的解决方案目标保持一致

B. 流程似乎更为复杂

C. 对数据字典、术语和阈值的要求

27. 持续服务改进流程的目的是什么？

A. 鼓励和激励服务提供商为持续改进服务做出贡献

B. 确保持续改进服务已列入 SIAM 治理委员会的议程

C. 提供量化、跟踪和管理改进活动交付的一致性方法

D. 在 SIAM 生态系统的所有各方之间分享经验教训

28. 汤姆是服务提供商的问题经理。汤姆的问题管理流程的目的是什么？

A. 在多个服务提供商之间协调问题调查和解决活动

B. 让各方共同努力解决问题

C. 防止故障和问题的发生或重复发生

D. 在商定的时间范围内根据优先级恢复服务

29. 哪个流程的主要目的是尽早发现并避免系统和服务中断？

A. 变更与发布管理流程

B. 持续服务改进流程

C. 事态管理流程

D. 故障管理流程

30. 什么是 SIAM 生态系统中所有流程均需考虑的 SIAM 因素？

A. 在服务提供商和服务消费者之间建立并维护牢固的关系

B. 定义流程的所有权、问责和职责级别

C. 提供一种量化、跟踪和管理改进活动交付的一致性方法

D. 提供一种可按时、在预算范围内并按适当质量水平交付项目的结构化方法

31. 监测与评价流程中的 SIAM 注意事项是什么？

A. 对数据字典、数据模型、术语、阈值和报告时间表的要求应保持一致

B. 应界定测试不同服务提供商的服务集成的责任

C. 事态诊断和解决方案的目标应在不同服务提供商之间保持一致

32. 哪一项是故障管理流程中的 SIAM 注意事项？

A. 定义管理事态阈值的规则

B. 确保所有服务提供商都能监测自身服务

C. 管理正在降低或可能降低服务性能的事态

D. 最大限度地减少恢复服务所涉及的各方数量

33. 在 SIAM 路线图中，最早受到建立商业论证挑战影响的是哪一个阶段？

A. 探索与战略阶段

B. 实施阶段

C. 规划与构建阶段

D. 运行与改进阶段

34. 衡量 SIAM 成功与否的挑战不会影响哪个 SIAM 层？

A. 客户组织

B. 服务集成商

C. 服务提供商

35. 某客户组织为一个服务提供商设置了不切实际的服务级别。与此直接相关的风险是什么？

A. 可能难以为服务故障分配责任

B. 客户的数据可能存在风险

C. 服务集成商可能无法履行其职责

D. 服务提供商可能退出生态系统

36. 客户组织没有在端到端服务中进行数据流映射，从而无法了解 SIAM 生态系统中的安全范围。与此直接相关的风险是什么？

A. 服务提供商可访问他们无权访问的数据

B. 服务提供商可能无法实现其服务目标

C. 实施 SIAM 的成本可能高于计划

D. 服务集成商的工作量可能会增加

37. 在 SIAM 生态系统中，服务提供商需要适应新的工作方式。相关的文化因素是什么？
A. 为服务提供商创造一个注重合同和协议的环境
B. 服务提供商承认服务集成商具有指导、决策和治理的自主权
C. 服务提供商专注于实现自己特定的服务级别和目标

38. 定义客户组织要保留的控制度和所有权很重要。如果未定义会有什么风险？
A. 分配服务故障责任将是一项挑战
B. 服务提供商可能不愿意合作
C. 服务集成商可能无法履行其职责
D. SIAM 计划的成功无法评价

39. ITIL 流程与 SIAM 之间有什么关系？
A. ITIL 流程结果不同于 SIAM 流程结果，并提供了其他见解
B. ITIL 流程无须修改即可用于 SIAM 生态系统
C. SIAM 建立在 ITIL 的服务管理元素之上并对其进行了扩展
D. SIAM 是 ITIL 的替代品，因此不使用其任何流程

40. 哪一种实践侧重于建立一种协作和共享的文化？
A. DevOps
B. ISO/IEC 20000
C. ITIL
D. 精益

D.3　答案解析

1. 哪种组织不太可能从 SIAM 获得全部价值？
A. 由内部和外部服务提供商提供服务的组织
B. 只由单一服务提供商提供服务的组织
C. 由外部服务提供商提供服务的组织
D. 由内部服务提供商提供服务的组织

A. 错误。希望管理多个服务提供商的组织将在运用 SIAM 方法时获得很多价值。
B. 正确。只由单一服务提供商提供服务的组织不可能获得 SIAM 的全部价值。（见 1.1）
C. 错误。由外部服务提供商提供服务的组织适合采用 SIAM。
D. 错误。由内部服务提供商提供服务的组织也适合采用 SIAM。

2. SIAM 中的哪个驱动力包含了数据与信息标准这一驱动因素？

A. 外部驱动力

B. 运营效率驱动力

C. 服务与采购环境驱动力

D. 服务满意度驱动力

A. 错误。与外部条件有关的驱动因素是公司治理和外部政策。

B. 正确。这是运营效率驱动力的四个驱动因素之一。（见 1.5.2.3）

C. 错误。服务与采购环境驱动力的驱动因素包括外部采购、影子 IT、多源采购、服务提供商数量的增长以及不灵活的合同。

D. 错误。这不是该驱动力的驱动因素。服务满意度驱动力的驱动因素包括服务绩效、服务提供商交互、清晰的角色与职责、缓慢的变革步伐、价值展现、服务提供商之间缺乏协作以及交付孤岛。

3. SIAM 生态系统中服务提供商的职责是什么？

A. 交付

B. 端到端集成

C. 治理

D. 战略

A. 正确。每个服务提供商负责向客户交付一个或多个服务或服务元素，也负责根据合同管理用于服务交付的产品和技术，并运行自己的流程。（见 1.1.1.4）

B. 错误。端到端集成是服务集成商的责任。

C. 错误。治理是客户组织和服务集成商的责任。

D. 错误。制定战略是客户组织的责任。

4. SIAM 生态系统的哪一层执行端到端保证？

A. 客户组织

B. 保留职能

C. 服务集成商

D. 服务提供商

A. 错误。作为其运营模式的一部分，客户组织正在向 SIAM 模式转换，客户组织是最终客户，其委托建立 SIAM 生态系统。

B. 错误。保留职能是负责战略、架构、业务接洽和公司治理活动的部门。

C. 正确。在 SIAM 生态系统中，服务集成商层负责执行端到端服务治理、管理、集成、保证和协调。（见 1.1.1.3）

D. 错误。每个服务提供商负责向客户交付一个或多个服务或服务元素。

5. 一个组织计划向 SIAM 转型，希望避免服务提供商指责服务集成商有偏见的情况出现。这种行为最不可能出现在哪两种结构中？请记住选择两个答案。

A. 外部服务集成商结构

B. 混合服务集成商结构

C. 内部服务集成商结构

D. 首要供应商服务集成商结构

A. 错误。在这种结构中，外部服务提供商可能存在不满情绪，特别是当服务提供商和服务集成商在其他市场竞争的情况下。

B. 正确。在这种结构中，外部服务集成商和客户组织一起工作。客户组织极不可能被指控有偏见。因此，这种结构将是转型的最佳选择。（见 3.2 和 3.3）

C. 正确。在这种结构中，服务集成商是客户组织。客户组织极不可能被指控有偏见。因此，这种结构也将是转型的最佳选择。（见 3.2 和 3.3）

D. 错误。组织同时承担了服务集成商和服务提供商的角色，可能被认为存在偏见，因为该组织可能是其他服务提供商的竞争对手。

6. 在混合服务集成商结构中，由哪两方协作来提供服务集成能力？

A. 客户组织和外部组织

B. 客户组织和内部服务集成商

C. 外部服务集成商和首要供应商

D. 内部服务集成商和保留职能

A. 正确。在混合服务集成商结构中，客户组织与外部组织协作，担当服务集成商角色，提供服务集成商能力。（见 3.3）

B. 错误。这些是 SIAM 生态系统中两个独立的层。

C. 错误。首要供应商结构是不同于混合结构的另一种结构。

D. 错误。这些是 SIAM 生态系统中两个独立的层。保留职能是客户组织的一部分。

7. 在 SIAM 路线图的哪个阶段应该为定义角色与职责确定原则与政策？

A. 探索与战略阶段

B. 实施阶段

C. 规划与构建阶段

D. 运行与改进阶段

A. 正确。这是探索与战略阶段的活动之一。（见 2.1.4）

B. 错误。它们在此阶段实现，但在探索与战略阶段中确定。

C. 错误。在此阶段，将根据探索与战略阶段确定的原则与政策来定义详细的角色与职责。

D. 错误。它们在此阶段得到了改进，但在探索与战略阶段已确定。

8. 主机托管服务提供商经历了反复发生的故障，影响所有端到端服务。在服务集成商的帮助下，他们利用其他服务提供商提供的信息，开发了永久解决根本问题的创新方案。谁应该得到奖励？

A. 所有服务提供商和服务集成商

B. 所有服务提供商，而不包括服务集成商

C. 仅主机托管服务提供商

D. 仅服务集成商

A. 正确。必须鼓励服务提供商合作而不只是保护自己的利益。奖励机制可用于鼓励协作和沟通。良好的做法包括奖励所有利益相关者，而不仅仅是 SIAM 模型中的一层。（见 2.4.4.5）

B. 错误。服务集成商参与其中，需要得到奖励。

C. 错误。其他服务提供商提供了信息，服务集成商也提供了帮助。因此，他们都需要得到奖励。

D. 错误。服务提供商提供了信息，因此需要得到奖励。

9. SIAM 路线图的哪个阶段提供了对可用技术和服务的认知？

A. 探索与战略阶段

B. 实施阶段

C. 规划与构建阶段

D. 运行与改进阶段

A. 正确。了解市场是探索与战略阶段的一项活动，这项活动包括根据战略目标对可用技术和服务进行审查。（见 2.1.4.7）

B. 错误。对市场的了解应该发生在实施阶段之前，即探索与战略阶段。

C. 错误。对市场的了解应该发生在规划与构建阶段之前，即探索与战略阶段。

D. 错误。对市场的了解应该发生在探索与战略阶段。

10. 客户组织希望在最短的时间内完成 SIAM 模式的实施。他们已经准备好承担风险。为了实现这一目标，该组织应该做些什么？

A. 尽早确定服务提供商

B. 实施组织变革管理

C. 采用大爆炸方法

D. 采用分次实施方法

A. 错误。这是在 SIAM 路线图的规划与构建阶段完成的，该组织已经处于实施阶段。

B. 错误。组织变革管理将使利益相关者做好变革的准备，组织不需要满足他们的需求。

C. 正确。大爆炸实施方法是一次性完成所有工作内容的方法，这可能会带来很高的风险，但是由于组织愿意承担这种风险，因此这是最佳的做法。（见 2.3.4.1.1）

D. 错误。分次实施方法将延长实施的总时间。

11. 在 SIAM 路线图的哪两个阶段包括设计 SIAM 模型的要求？请记住选择两个答案。
A. 探索与战略阶段
B. 实施阶段
C. 规划与构建阶段
D. 运行与改进阶段

A. 正确。在第一阶段中确定了顶级需求，在第二阶段得到进一步发展。（见第 2 章）
B. 错误。在实施阶段，需求已被实施，在第四阶段，进行 SIAM 模型的运行与持续改进。
C. 正确。在第一阶段中确定了顶级需求，在第二阶段得到进一步发展。（见第 2 章）
D. 错误。在实施阶段，需求已被实施，在第四阶段，进行 SIAM 模型的运行与持续改进。

12. 组织变革管理从 SIAM 路线图的哪个阶段开始？
A. 探索与战略阶段
B. 实施阶段
C. 规划与构建阶段
D. 运行与改进阶段

A. 错误。在 SIAM 路线图的规划与构建阶段，才开始组织变革管理。
B. 错误。组织变革管理始于路线图的规划与构建阶段，并继续贯穿实施阶段，直到下一阶段。
C. 正确。组织变革管理始于 SIAM 路线图的规划与构建阶段，在该阶段的目标、活动和输出中都包括组织变革管理。（见 2.2.1、2.2.4 和 2.2.5）
D. 错误。组织变革管理始于路线图的规划与构建阶段，并继续贯穿实施阶段、运行与改进阶段。

13. 在 SIAM 路线图的哪个阶段应选定首选 SIAM 结构？
A. 探索与战略阶段
B. 实施阶段
C. 规划与构建阶段
D. 运行与改进阶段

A. 错误。作为定义 SIAM 战略的一部分，可以在探索与战略阶段提出一种结构，但是直到规划与构建阶段才会选定该结构。
B. 错误。必须在实施阶段开始之前，在规划与构建阶段选定结构。
C. 正确。在规划与构建阶段，到目前为止所收集的所有信息都应该用来选定首选的 SIAM 结构。（见 2.2.4.1.2）
D. 错误。必须在实施阶段开始之前，在规划与构建阶段选定结构。

14. 哪些是启动实施阶段的两个触发因素？请记住选择两个答案。

A. 现有服务提供商停止交易

B. 现有服务提供商合同终止

C. 新 SIAM 模型的实施

D. 实施方式的选择

A. 正确。现有服务提供商停止交易是实施阶段的一个触发因素。（见 2.3.2）

B. 正确。现有服务提供商合同终止是实施阶段的一个触发因素。（见 2.3.2）

C. 错误。新 SIAM 模型的实施是实施阶段的活动，也是运行与改进阶段的触发因素。

D. 错误。选择实施方法是实施阶段的一项活动。

15. 哪个 SIAM 角色通常负责服务治理和保证？

A. 客户组织

B. 集成变更顾问委员会

C. 服务集成商

D. 服务提供商

A. 错误。客户不对服务治理和保证负责，这是服务集成商的责任。

B. 错误。集成变更顾问委员会对变更保证负责，但不对服务治理和保证负责。

C. 正确。服务治理和保证是服务集成商的职责之一。（见 5.1.3 和 5.4）

D. 错误。在 SIAM 生态系统中，服务提供商不对服务治理和保证负责。

16. 在 SIAM 模型中，哪些角色和职责需要外包，由谁来决定？

A. 客户组织

B. 外部服务提供商

C. 内部服务提供商

D. 服务集成商

A. 正确。客户组织可从外部服务集成商处获得建议，但做出决策是客户组织的责任，因为它要对结果负责。（见 5.1.1）

B. 错误。外部服务提供商不做这个决定。

C. 错误。内部服务提供商不做这个决定。

D. 错误。虽然服务集成商可以向客户提供建议，但是做出决策的是客户组织。

17. 哪种角色对合同管理负主责？

A. 客户组织

B. 执行委员会

C. 服务集成商

D. 战术委员会

A. 正确。客户组织与外部组织签订合同，因此对合同管理负责。（见 5.3）

B. 错误。执行委员会可以讨论合同管理方面的问题，但不对合同管理负责。

C. 错误。服务集成商可以负责执行合同管理的一些任务，这些任务由客户组织下放给他们，但是合同管理始终由客户组织负主责，因为他们与外部组织签订了合同。

D. 错误。战术委员会可以讨论合同管理问题，但不对合同管理负责。

18. 单个机构小组涵盖什么？

A. 一个组织中的一层

B. 多个组织中的一层

C. 一个组织中的多层

D. 多个组织中的多层

A. 错误。机构小组可能跨越 SIAM 生态系统的所有三层。他们也可能涵盖多个组织，例如多个服务提供商。

B. 错误。机构小组可能跨越 SIAM 生态系统的所有三层。

C. 错误。他们可能涵盖多个组织，例如多个服务提供商。

D. 正确。机构小组是具有特定职责的组织实体，在 SIAM 生态系统中跨多个组织、跨多个层工作。（见 1.1.6）

19. 从解决重大故障中获得经验教训，由哪种运营角色负责讨论该话题？

A. 故障管理论坛

B. 故障管理工作组

C. 集成变更顾问委员会

D. 重大故障工作组

A. 正确。作为持续改进工作的一部分，故障管理论坛将讨论经验教训。（见 1.1.6.2 和 5.7.3）

B. 错误。所有工作组都是解决特定问题的。论坛致力于改进。

C. 错误。集成变更顾问委员会是一个运营治理委员会，而不是运营角色。

D. 错误。所有工作组都是解决特定问题的。论坛致力于改进。

20. 与制定工具策略的技术实践无关的挑战是哪一项？

A. 流程活动之间的缺口

B. 无效率的遗留工具

C. 不符合要求的服务提供商

D. 工具系统范围定义

A. 正确。这与制定工具策略无关，这是与跨服务提供商流程集成有关的挑战之一。制定工具策略所面临的挑战包括无效率的遗留工具、工具范围定义不清、服务提供商不符合要求以及架构的缺失。（见 6.4.1）

B. 错误。这是制定工具策略所面临的挑战之一。

C. 错误。这是制定工具策略所面临的挑战之一。

D. 错误。这是制定工具策略所面临的挑战之一。

21. 在管理跨职能团队时，沟通计划提供了什么？

A. 为所有利益相关者提供适当级别的定期沟通

B. 虚拟团队之间不需要面对面会议

C. 降低了重新输入和转换数据的需求

A. 正确。对于确保所有利益相关者保持适当级别的定期沟通，制订沟通计划至关重要，例如安排会议和确定报告级别。（见 6.1.2.4）

B. 错误。虚拟团队需要在团队成员之间建立关系。如果团队成员之间没有定期的面对面接触，这将是一个挑战。建议至少进行一次面对面的活动，使团队成员之间可以相互了解，增进信任并建立良好的工作关系。

C. 错误。这是工具系统集成实践的一个收益。

22. 在进行跨服务提供商的流程集成时，应该使用什么方法来识别和避免流程之间的缺口？

A. DevOps

B. 关键绩效指标（KPI）

C. RACI 矩阵

D. 服务级别协议（SLA）

A. 错误。DevOps 是一种支持性实践，但不用于识别流程或功能交付中的所有参与者。

B. 错误。KPI 是用于衡量绩效的指标。KPI 为服务、流程和业务目标而定义。

C. 正确。对流程流和 RACI 矩阵进行开发和协定，将有助于识别和避免这些缺口。（见 2.2.4.1.3 和 6.2.1.2）

D. 错误。SLA 不用于识别流程之间的缺口。

23. 与跨职能团队有关的主要挑战是什么？

A. 相互冲突的目标、组织战略和工作实践

B. 流程活动之间的缺口

C. 无法映射端到端工作流程

D. 架构的缺失

A. 正确。相互冲突的目标、组织战略和工作实践是跨职能团队面临的主要挑战之一。（见

6.1.1）

B. 错误。这是与跨服务提供商流程集成有关的挑战。

C. 错误。这是与端到端服务支持报告有关的挑战。

D. 错误。这是与制定工具策略有关的挑战。

24. 有很多与制定工具策略有关的实践。哪种实践有助于服务集成商和服务提供商了解 SIAM 工具系统将如何发展？

A. 采用统一的数据字典

B. 行业标准方法

C. 数据和工具系统的所有权

D. 技术战略和路线图

A. 错误。这将带来多个好处，例如，对故障优先级和严重性分类保持一致性和达成共识。但这无助于了解 SIAM 工具系统将如何发展。

B. 错误。使用行业标准的集成方法将使服务提供商更容易在其自身工具和集成的 SIAM 工具系统之间共享信息。但这无助于了解 SIAM 工具系统将如何发展。

C. 错误。工具策略需要阐明谁拥有工具系统及其中的数据。但这无助于了解 SIAM 工具系统将如何发展。

D. 正确。客户组织需要描述其技术战略和路线图，以帮助服务集成商和服务提供商了解 SIAM 工具系统将如何集成和发展。（见 6.4.2）

25. 哪一个是在 SIAM 环境中进行端到端评价的例子？

A. 特定服务集成合作伙伴解决问题的平均时间

B. 内部和外部服务提供商的比较

C. 特定业务部门引发的故障数量

D. 针对服务级别目标的服务响应度

A. 错误。由特定服务集成合作伙伴解决问题的平均时间并非 SIAM 环境中端到端评价的示例。因为端到端评价是关于整个服务的，不是关于特定的组件或提供商的。

B. 错误。内部服务提供商与外部服务提供商的比较并非 SIAM 环境中端到端评价的示例。端到端评价是关于服务的，而不是关于服务提供商绩效的。

C. 错误。特定业务部门引发的故障数量并非 SIAM 环境中端到端评价的示例。故障对服务的影响可能属于端到端评价，但故障本身的数量并非如此，因为它并不反映针对业务目标是如何提供服务的。

D. 正确。针对已定义目标的服务响应度是 SIAM 环境中端到端评价的一个示例。（见 6.3）

26. 在 SIAM 生态系统中，所有流程都应考虑的共同因素是什么？

A. 使所有服务提供商的解决方案目标保持一致

B. 流程似乎更为复杂

C. 对数据字典、术语和阈值的要求

A. 错误。这是问题管理流程的 SIAM 注意事项。

B. 正确。对于 SIAM 生态系统中的所有流程来说，这是一个有效的 SIAM 注意事项。（见 B3）

C. 错误。这是监测与评价流程的 SIAM 注意事项。

27. 持续服务改进流程的目的是什么？

A. 鼓励和激励服务提供商为持续改进服务做出贡献

B. 确保持续改进服务已列入 SIAM 治理委员会的议程

C. 提供量化、跟踪和管理改进活动交付的一致性方法

D. 在 SIAM 生态系统的所有各方之间分享经验教训

A. 错误。这是持续服务改进流程中的 SIAM 注意事项之一。

B. 错误。这是持续服务改进流程中的 SIAM 注意事项之一。

C. 正确。这是持续服务改进流程的目的。（见 B18.1）

D. 错误。这是持续服务改进流程中的 SIAM 注意事项之一。

28. 汤姆是服务提供商的问题经理。汤姆的问题管理流程的目的是什么？

A. 在多个服务提供商之间协调问题调查和解决活动

B. 让各方共同努力解决问题

C. 防止故障和问题的发生或重复发生

D. 在商定的时间范围内根据优先级恢复服务

A. 错误。这是问题管理流程的注意事项之一，而非目的。另外，这是服务集成商的责任。

B. 错误。这是问题管理流程的注意事项之一，而非目的。另外，这是服务集成商的责任。

C. 正确。问题管理流程负责管理问题的生命周期，问题被定义为造成故障的未知的、潜在的原因。它还负责防止故障和问题的发生或再次发生。（见 B9.1）。

D. 错误。这是故障管理流程的目的。

29. 哪个流程的主要目的是尽早发现并避免系统和服务中断？

A. 变更与发布管理流程

B. 持续服务改进流程

C. 事态管理流程

D. 故障管理流程

A. 错误。变更管理能够在尽量不中断服务的情况下对服务进行变更。

B. 错误。持续服务改进的目的是提供一种量化、跟踪和管理整个生态系统中改进活动交付的一致性方法。

C. 正确。这是事态管理流程的目的。（见 B6.1）

D. 错误。故障管理试图恢复服务，它还记录和管理服务问题，目的不在于预防中断。

30. 什么是 SIAM 生态系统中所有流程均需考虑的 SIAM 因素？

A. 在服务提供商和服务消费者之间建立并维护牢固的关系

B. 定义流程的所有权、问责和职责级别

C. 提供一种量化、跟踪和管理改进活动交付的一致性方法

D. 提供一种可按时、在预算范围内并按适当质量水平交付项目的结构化方法

A. 错误。这是业务关系管理流程的目的，而不是 SIAM 生态系统中所有流程共同的考虑因素。

B. 正确。这是 SIAM 生态系统中所有流程都应考虑的正确因素。（见 B3）

C. 错误。这是持续服务改进流程的目的，而不是 SIAM 生态系统中所有流程的共同考虑因素。

D. 错误。这是项目管理流程的目的，而不是 SIAM 生态系统中所有流程的共同考虑因素。

31. 监测与评价流程中的 SIAM 注意事项是什么？

A. 对数据字典、数据模型、术语、阈值和报告时间表的要求应保持一致

B. 应界定测试不同服务提供商的服务集成的责任

C. 事态诊断和解决方案的目标应在不同服务提供商之间保持一致

A. 正确。这是监测与评价流程的 SIAM 注意事项之一。（见 B5.2）

B. 错误。这是发布管理流程的 SIAM 注意事项之一。

C. 错误。这是事态管理流程的 SIAM 注意事项之一。

32. 哪一项是故障管理流程中的 SIAM 注意事项？

A. 定义管理事态阈值的规则

B. 确保所有服务提供商都能监测自身服务

C. 管理正在降低或可能降低服务性能的事态

D. 最大限度地减少恢复服务所涉及的各方数量

A. 错误。这是事态管理流程的一个 SIAM 注意事项。

B. 错误。这是监测与评价流程的一个 SIAM 注意事项。

C. 错误。这是事态管理流程的一个 SIAM 注意事项。

D. 正确。这是故障管理流程的一个 SIAM 注意事项。（见 B8.2）

33. 在 SIAM 路线图中，最早受到建立商业论证挑战影响的是哪一个阶段？

A. 探索与战略阶段

B. 实施阶段

C. 规划与构建阶段

D. 运行与改进阶段

A. 正确。这个挑战始于 SIAM 路线图的早期，探索与战略阶段期间。（见 8.1.2）

B. 错误。商业论证将在实施阶段、运行与改进阶段使用，以验证预期的收益正在实现，但这不是最早的阶段。

C. 错误。在规划与构建阶段结束时，需要管理层授权批准所有的采购并为剩余阶段分配资源，但这不是最早的阶段。

D. 错误。商业论证将在实施阶段、运行与改进阶段使用，以验证预期的收益正在实现，但这不是最早的阶段。

34. 衡量 SIAM 成功与否的挑战不会影响哪个 SIAM 层？

A. 客户组织

B. 服务集成商

C. 服务提供商

A. 错误。客户受此挑战的影响。

B. 错误。服务集成商受此挑战的影响。

C. 正确。服务集成商的任务是交付端到端报告。如果无法验证 SIAM 是否提供价值，服务是否正在履行，那么客户和服务集成商将受到这一挑战的影响。（见 8.6.1）

35. 某客户组织为一个服务提供商设置了不切实际的服务级别。与此直接相关的风险是什么？

A. 可能难以为服务故障分配责任

B. 客户的数据可能存在风险

C. 服务集成商可能无法履行其职责

D. 服务提供商可能退出生态系统

A. 错误。这是另一种商业风险。

B. 错误。这是与控制度和所有权有关的风险。

C. 错误。这是与文化契合度有关的风险。

D. 正确。服务提供商的目标和服务级别不切实际，可能会导致其退出生态系统。（见 8.3.3）

36. 客户组织没有在端到端服务中进行数据流映射，从而无法了解 SIAM 生态系统中的安全范围。与此直接相关的风险是什么？

A. 服务提供商可访问他们无权访问的数据

B. 服务提供商可能无法实现其服务目标

C. 实施 SIAM 的成本可能高于计划

D. 服务集成商的工作量可能会增加

A. 正确。生态系统中存在哪些数据与信息，它们位于哪里，如何对其进行管理和保护，客户组织对此必须有一个清晰的认识。数据隔离无效，特别是服务提供商的商业敏感数据不应被其他服务提供商访问，这是与之相关的风险之一。（见 8.4.3）

B. 错误。这是与商业挑战相关的风险。

C. 错误。这是与建立商业论证相关的风险。

D. 错误。这是与遗留合同相关的风险。

37. 在 SIAM 生态系统中，服务提供商需要适应新的工作方式。相关的文化因素是什么？

A. 为服务提供商创造一个注重合同和协议的环境

B. 服务提供商承认服务集成商具有指导、决策和治理的自主权

C. 服务提供商专注于实现自己特定的服务级别和目标

A. 错误。正确的文化因素是营造一种专注于业务结果、聚集于客户，而不是侧重于每个服务提供商合同和协议的氛围。

B. 正确。服务集成商代表客户，有指导、决策和治理的自主权，对此服务提供商必须接受，不得暗中反对。（见 7.2.1）

C. 错误。在 SIAM 生态系统中，重点关注的是关系（特别是跨供应商关系）、治理控制和对于共同目标的追求，而不是每一个特定的组织所要实现的目标和所能达到的服务级别。

38. 定义客户组织要保留的控制度和所有权很重要。如果未定义会有什么风险？

A. 分配服务故障责任将是一项挑战

B. 服务提供商可能不愿意合作

C. 服务集成商可能无法履行其职责

D.SIAM 计划的成功无法评价

A. 错误。这是来自商业挑战的风险。

B. 错误。这是文化与合作的挑战带来的风险。

C. 正确。如果这些问题没有得到解决，那么表明相关职责不够清晰，问责制度不够明确，这将导致针对 SIAM 模型的定义、服务集成商和服务提供商的角色更具挑战性。如果客户不准备放弃对服务活动和流程的所有权，将可能无法实现 SIAM 的预期收益目标，因为服务集成商可能无法发挥作用。如果客户放弃了全部控制权和问责权，服务集成商可能无法得到充分的战略指导，也难以发挥作用。（见 8.2.1）

D. 错误。这是建立商业论证面临的风险。

39. ITIL 流程与 SIAM 之间有什么关系？

A. ITIL 流程结果不同于 SIAM 流程结果，并提供了其他见解

B. ITIL 流程无须修改即可用于 SIAM 生态系统

C. SIAM 建立在 ITIL 的服务管理元素之上并对其进行了扩展

D. SIAM 是 ITIL 的替代品，因此不使用其任何流程

A. 错误。大多数 SIAM 流程与 ITIL 流程具有相同的结果。

B. 错误。流程将需要调整以适应多供应商生态系统。

C. 正确。SIAM 不会替代 ITIL，它建立在 ITIL 服务管理元素的基础之上，并将其扩展到与 SIAM 模型相关的整个生态系统中。（见 4.1.1.1）

D. 错误。SIAM 不会替代 ITIL，而是以 ITIL 为基础。

40. 哪一种实践侧重于建立一种协作和共享的文化？

A. DevOps

B. ISO/IEC 20000

C. ITIL

D. 精益

A. 正确。建立协作文化是 DevOps 的一个关键特性。（见 4.4.1）

B. 错误。ISO/IEC 是 IT 服务管理的标准，它的重点不是创建协作文化。

C. 错误。ITIL 主要侧重于流程，而不是创建协作文化。

D. 错误。精益侧重于流程优化和消除浪费，而不是建立协作文化和共享。

D.4　参考答案

1. B	2. B	3. A	4. C	5. B C	6. A	7. A	8. A	9. A	10. C
11. A C	12. C	13. C	14. A B	15. C	16. A	17. A	18. D	19. A	20. A
21. A	22. C	23. A	24. D	25. D	26. B	27. C	28. C	29. C	30. B
31. A	32. D	33. A	34. C	35. D	36. A	37. B	38. C	39. C	40. A

联系 EXIN

www.exin.com